図解 即 戦力 豊富な図解と丁寧な解説で、知識0でもわかりやすい！

暗号と認証の

しくみと理論がしっかりわかる教科書

これ1冊で

光成滋生
Mitsunari Shigeo

JN016733

技術評論社

はじめに

　本書は暗号と認証について解説します。

　現在はインターネットが普及し、日常的にスマートフォンやパソコンを携帯して利用する時代です。遠くにいる人や、一度も会ったことが無い人たちと様々な情報をやりとりします。クレジットカードを使って買い物したり、名簿や帳簿などの秘密情報をクラウドに預けたりする機会も増えています。そのとき、安心して安全に情報をやりとりするための仕組みが暗号と認証です。

　せまい意味の暗号は、ある事柄を特定の人にだけ伝えるために、その人にしか分からないような形にすることです。二人が出会ってその場で話すのではなく、電話やインターネットなどの回線を通じて秘密の情報をやりとりするには暗号が必要です。しかし暗号だけでは不十分です。情報発信者が本当にその人であるか（認証）、通信途中で誰かに書き換えられていないか（改竄検知）などの様々な要素技術を組み合わせなければなりません。こういった仕組みをまとめて暗号技術、または単に暗号と呼びます。

　現在では暗号技術の詳細を知らなくても、できるだけ安全にインターネットを利用できるようなツールやシステムが整備されつつあります。そのため利用者としては「暗号（技術）が使われているから安全」と思いがちです。

　しかし中にはシステム設計者が暗号技術の原理を理解していないために、要素技術の組み合わせ方が悪くて安全でないシステムになっていることがあります。大企業が提供しているシステムであっても、安全性の問題が見つかりサービス停止になる例もあります。利用者としてはそういったシステムを見かけたときに何かおかしいと思えたり、また自分がサービス提供者になったときに、そのようなシステムを作ってしまったりしないよう暗号技術の原理・原則を理解しましょう。

　本書は技術評論社の矢野俊博氏に執筆の機会と構成についての様々なアドバイスを頂きました。また、吉田丈士氏、藤松勇滉氏、菅野哲氏、廣江彩乃氏、及び匿名の有志からは内容に関する貴重なご意見を頂きました。特に菅家正義氏には多大なご助力を頂きました。皆様に深く感謝いたします。

2021年7月　光成 滋生

目次　Contents

1章
暗号の基礎知識

4章

公開鍵暗号

5章
認証

6章

公開鍵基盤

7章
TLS

8章

ネットワークセキュリティ

9章
高機能な暗号技術

1章

▼

暗号の基礎知識

一般的に暗号といえば他人が読んでも分からないようにしたものを指します。 しかし、今日の暗号は隠すだけではなく、相手を認証したり、改竄検知をしたりと様々な機能を持ちます。 この章ではインターネットを使う上で求められるセキュリティと暗号の全体像を解説します。

01 情報セキュリティ

コンピュータが扱うデータや情報を他者から守ることを情報セキュリティといいます。ただ一口にデータを守るといっても具体的にどんなデータをどうやって守るのでしょうか。そのためのセオリーとその中での暗号や認証の立ち位置を理解しましょう。

● 情報セキュリティの三要素

情報セキュリティ（単にセキュリティとも）がどのようなものか、ネットショッピングを例に取ります。

お客はショップのサイトにアクセスして名前や住所を登録し、商品の購入手続きをします。ショップはお客の情報に基づいて商品の手配をします。次回の購入時に便利なようにお客の情報をサーバに保存することもあります。

■ ネットショッピング

まず自分がどこでどんな商品を買ったかという情報は他人に知られたくありません。またショップで働く人なら誰でも購買情報を見られるというのも不安です。ショップ内でも一部の限定された人しか情報にアクセスできないようになっていてほしいです。この性質を**機密性**（confidentiality）といいます。

次に機密性があったとしても、購入した品物の値段が勝手に書き換えられて過大な請求が来たり、届け先を書き換えられて商品が来なかったりするのも困ります。情報が改竄（かいざん）されたり、消えたりしないことが求められます。この性質を**完全性**（integrity）といいます。

最後に自分の好きなときに買い物ができたり、購入履歴を見られたりできるよう、システムは常に正常に動作していてほしいです。万一システムが破損し

てもデータがバックアップされていて直ちに復旧できることが望ましいです。このように必要なときに情報にアクセスできるようになっていることを**可用性**（availability）といいます。

　この三つの性質を情報セキュリティの三要素といいます。

■ 情報セキュリティの三要素

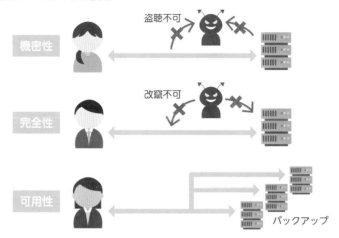

● 情報セキュリティと暗号技術

　情報セキュリティはJIS Q 27000で定義されています[1]。**JIS**（Japanese Industrial Standards）とは日本の産業の標準化のために定められた国家規格で、日本産業標準調査会JISC（Japanese Industrial Standards Committee）が調査審議を行っています。JISCは2019年までは日本工業標準調査会という名前でした[2]。

　JIS Q 27000には「情報セキュリティとは情報の機密性、完全性、及び可用性を維持すること」とあります。それぞれの要件に対して必要な要素技術について説明します。

機密性

　認可されていない人が情報にアクセスできないこと。機密性を守るためには自分と相手の通信を攻撃者から守る必要があります。万一盗聴されても情報が

漏れないようにするために通信内容を暗号化します。サーバにデータを保存するときも暗号化し、アクセス制御のために認証も必要です。

完全性

情報が改竄や消去されずに正確に完全に残っていること。情報が改竄されていないかを検証するには、メッセージ認証符号や署名と呼ばれる技術が使われます。

可用性

認可された人が望んだときに情報にアクセスできること。貴重な情報を失わないためにサーバの冗長性を高める以外に、その情報を安全に分散して保存する秘密分散（p.274参照）という技術があります。

このように情報セキュリティを守るためには様々な技術が必要です。その中で特に暗号・認証・署名・改竄検知や後述する否認防止などの技術をまとめて暗号技術といいます。この本では暗号技術について広く紹介します。

■ 情報セキュリティの三要素

要件	求められる特性	暗号技術
機密性	データの秘匿	暗号化・認証
完全性	データの正確さ	メッセージ認証符号・署名
可用性	データへのアクセスしやすさ	秘密分散

● 利便性とコスト

一般的に情報セキュリティを守ろうとするとコストが増えたり利便性が下がったりします。たとえばユーザにとって24時間365日いつでも利用できるシステムは便利です。しかしサービス提供者がそういった高い可用性を持つシステムを運営するのは費用がかかります。そこでサービス提供者は稼働率が99％や99.99％といった性能要件に応じた価格設定でサービスを提供しています。

　一見99%でも十分に思われるかもしれません。1日で考えると止まってよい時間は24 × 60 × 0.01 = 約14分です。毎日真夜中に14分だけ止まるなら許容するショップもあるかもしれません。しかし1月で考えると24 × 30 × 0.01 = 7.2時間です。普段は止まらないけれども月に1回突然7時間止まっても99%なのです。使いたいと思ったときにそれだけの時間システムが止まっているととても不便だし、不安ですね。たとえ99.99%動作していても、反応速度が悪いと利用者はストレスがたまります。

　ただし、やみくもにサービス稼働率を高くすると提供者の負担が増してコストも増大します。

　また、クラウドサービスのデータ保管場所も考慮点の一つです。国内なら日本の法律を適用できますが、海外の場合はデータがどのように扱われるか分からない場合があるからです。

　サービスを選ぶときは、サービス提供者の信頼性、保証している性能要件、掛けられるコストなどを考慮して決めます。万一、止まったときの代替手段があるかも検討しておくとよいでしょう。

■ 利便性とコスト

365日24時間営業
だけど高い

毎月1日停止
だけど安い

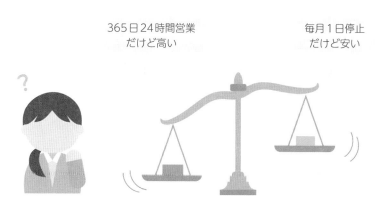

　システム提供者は扱う情報の重要性やコストを考慮しつつ、情報セキュリティを満たすシステムを構築しなければなりません。

　どのような方法に従って実践すべきかという指針はJIS Q 27002「情報セキュリティ管理策の実践のための規範」で述べられています。

◯ 追加された要件

　情報セキュリティは情報を扱う上で最低限守られてほしい要件でした。

　より重要な情報を扱う際には、情報セキュリティの三要素に加えて次の要件を考慮することがあります。

真正性

　ユーザや、システムなどが本当にその人やものであり、偽物が紛れていないことを**真正性**といいます。購入前にお金をチャージしたり、購入時にポイントがたまったりするシステムなら、他人が勝手に使わないよう、システムに私が本人であることを認証してもらわなければなりません。パスワードだけで認証することもあれば、スマートフォンなどを組み合わせた二要素認証を要求するシステムもあります。一般に認証の精度を上げようとするとユーザ、サービス提供者ともに負担が増えます。逆に安易な認証システムを作ると、容易に攻撃されて多大な損害を被る可能性があります。

■ 真正性とロギング

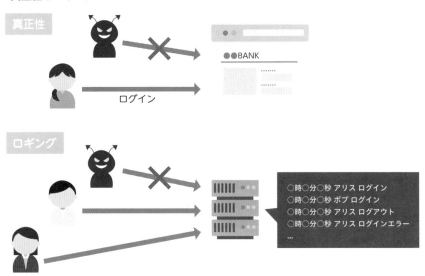

責任追跡性

システムがおかしな挙動をしたり、攻撃されたりしたときに、起きたことやその原因を追跡できることを**責任追跡性**といいます。そのためにシステムに対して誰が、いつ、何をしたのかを正確に記録（ロギング）しておきます。ロギングは、そのログそのものの完全性があると望ましいです。そうでないと攻撃者がログを改竄したことに気づかず、他人を犯人にしてしまう危険性があります。

否認防止

取引や登録などの操作を後で無かったことにされないようにすることを**否認防止**といいます。お店に予約や注文が入ったから準備していたのに、後でお客から「予約なんてしていない」と言われたときに反論できるようになります。

操作に時刻を組み合わせた情報に信頼できる機関に署名してもらい否認防止するタイムスタンプという方法があります。

信頼性

システムが不具合無く正確に動作していることを**信頼性**といいます。サービスが動いていてもデータの中身が壊れていては困ります。ハードディスクやSSDに保存したデータが壊れないように冗長化することで信頼性が上がります。万一メインのシステムが止まっても、サブのシステムに切り替えてサービスを継続することもあります。

まとめ

- 情報セキュリティとは機密性・完全性・可用性を満たすことである。
- 情報の重要性に応じて真正性・責任追跡性・否認防止・信頼性などの要件も考慮する。
- 暗号技術は主に機密性・完全性・真正性や否認防止を満たすために利用される。

02　暗号

情報セキュリティの機密性を守るために最も重要な要素が暗号です。
まず暗号に関する基本的な用語と注意点を紹介します。

◉ 暗号とは

　情報を第三者が見ても分からない形に変換することを**暗号化**する（encrypt）といいます。変換前の情報を平文（ひらぶん）、変換後の情報を暗号文、暗号文を平文に戻すことを**復号**する（decrypt）といいます。「暗号化する」に合わせて「復号化する」ということもありますが、その用語は使わない方がよいという意見があります。この本では「復号する」を使います。

　暗号化するときと復号するときには鍵と呼ばれる付加情報が必要です。暗号化に使う鍵を特に**暗号鍵**または暗号化鍵、復号に使う鍵を**復号鍵**といいます。復号鍵は第三者に知られてはいけないので**秘密鍵**ともいいます。暗号鍵と復号鍵は暗号の方式によって同じ場合と異なる場合があり、前者なら当然暗号鍵も秘密鍵です。

　二者間で秘密鍵を適切に管理し、情報を暗号化して通信すると機密性が保たれます。

■ 暗号化と復号

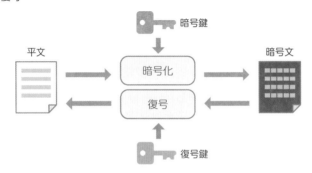

　正規の復号手順を踏まずに暗号開発者の意図しなかった方法で平文の情報を取得できたら、**解読**した、あるいは攻撃したといいます。たとえば復号鍵を持っていなくても復号できる方法を見つけたら、それは完全な解読です。しかし、平文の一部の情報だけでも判明するか、その可能性が少しでもある場合にも攻撃したといいます。研究者が「暗号を解読・攻撃した」と発表したとき、その意味が状況によって大きく異なることがあるので、その影響力をきちんと把握するのが大切です。

■ 復号と解読

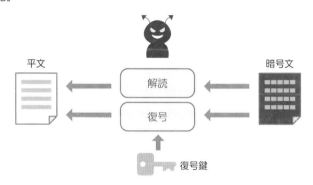

● よい暗号と使い方

　様々な種類の暗号が提案されていますが、広く使われているのは暗号化の手順が公開されている暗号です。手順が公開されていると、研究者たちがその安全性を検証し、欠陥が無いと分かれば皆が安心して使います。広く使われている方式ほど検証する研究者が増えて、より安心感が増す好循環が生まれます。

　それに対して手順が非公開の方法は一般的によいとはされていません。なぜなら暗号化方式が非公開だとその方式がどのぐらい安全か第三者による検証が困難だからです。その方式の安全性が独りよがりで、開発者の意図しない欠陥があったとしても気づかれない可能性が高くなります。

　同じ理由でシステム開発の際にはできるだけ広く使われている暗号ライブラリを使うのがよいでしょう。ただし、残念ながら広く使われているからバグが

無いというわけではありません。たとえばOpenSSLという暗号ライブラリは広く使われていますが、2014年にハートブリード（Heartbleed）、CCS注入攻撃といった重大なバグが見つかりました[3][4]。そのためLibreSSLやBoringSSLといった代替プロジェクトが始まりました[5][6]。

　また同じく2014年にはAppleのTLSの脆弱性が公開されました[7]。これは鍵共有（sec.18）をする関数の実装で、うっかり「goto fail」を2回書いてしまったため、その後の検証を飛ばしてしまうという単純なものでした（コードの太字の部分）。ただしその影響は重大です。Appleのような大手のベンダーでもこのようなミスをしてしまうという一例です。

■ バグのあるコードの一部

```
static OSStatus
SSLVerifySignedServerKeyExchange(SSLContext *ctx, bool isRsa,
  SSLBuffer signedParams, uint8_t *signature, UInt16
signatureLen)
{
  OSStatus          err;
  ...
  (前処理)
  if ((err = SSLHashSHA1.update(&hashCtx, &serverRandom)) != 0)
    goto fail;
  if ((err = SSLHashSHA1.update(&hashCtx, &signedParams)) != 0)
    goto fail;
    goto fail; // ※ バグの原因
  if ((err = SSLHashSHA1.final(&hashCtx, &hashOut)) != 0)
    goto fail;
  ...
  (署名の確認)
fail:
  SSLFreeBuffer(&signedHashes);
  SSLFreeBuffer(&hashCtx);
  return err;
}
```

　とはいえ、ユーザの少ないライブラリを採用したり、自分たちで新たに開発したりするのはリスクが大きいため入念な注意が必要です。

● 暗号の動向を知る

　暗号は日々世界中の研究者が新しい攻撃方法を検討しています。今まで安全と思われていた方式がある日そうでなくなることがしばしばあります。広く使われている暗号がよいと書きましたが、それだけに頼っているとその暗号が攻撃されたときに対応するのが大変です。情報を扱うシステムに関わる人は暗号技術の最新動向に常に目を配る必要があります。

　暗号技術評価委員会**CRYPTREC**（CRYPTography Research and Evaluation Committees）は国内の電子政府推奨暗号の安全性を評価・監視する機関です。**電子政府推奨暗号リスト**や注意喚起など暗号技術に関する様々な情報を提供しています[8]。

　アメリカ合衆国にはアメリカ国立標準技術研究所**NIST**（National Institute of Standards and Technology）という研究所があります。NISTには情報技術研究所ITL（Information Technology Laboratory）という研究部門があり、セキュリティに関する標準化をしています[9]。

　また**IETF**（Internet Engineering Task Force）という組織がインターネット技術の標準化を推進し、標準化された仕様を**RFC**（Request For Comments）として公開しています。IETFでは、どうやって暗号を安全に使うのかの議論もしています。インターネットで使われるTLSというセキュリティプロトコルの標準化もIETFが行っています。TLSについては7章で詳しく解説します[10][11]。

まとめ

- 鍵を用いて平文を第三者に読めない情報（暗号文）にすることを暗号化、その逆の操作を復号という。
- 復号鍵を用いずに暗号文から元の平文の情報（の一部）を得ることを攻撃・解読という。
- 暗号は自分で考えた方式ではなく安全と広く認められた方式を使うのがよい。

03　認証

情報セキュリティにおける機密性を達成するには情報を秘匿するだけでなく、情報を公開する相手が確かにその人であることも確認しなければなりません。そのための方法を紹介します。

● パスワードによる認証

　Webサービスで新規にユーザ登録をするとき、まずなんらかの手段で本人であることを識別してそのサービスで一意に使われる識別子ID（IDentifier）を割り振ります。本人の識別方法はメールアドレスを利用するものから、運転免許証やパスポートのコピーが求められるものまで様々です。IDが割り振られたらパスワードを登録し次回ログインするときにパスワードを入力して本人であることを確認する方法がよく使われます。このようにある人が他人に対して、確かにその対象者本人であることを確認する手続きを**認証**（Authentication）といいます。

　パスワードは他人が推測できない複雑なものにしないといけません。最近は長いパスワードを設定できるサービスも増えているので、その場合は比較的覚えやすい複数の単語をつなげた**パスフレーズ**を検討するとよいでしょう。英数8文字からなるパスワードよりも、4000単語の中からランダムに4単語を選んで並べる方が組み合わせの数は多いです。

■ パスワードとパスフレーズ

方式	パターン例	組み合わせの数	例
パスワード	英数8文字	$62^8 \fallingdotseq 218$ 兆通り	P1kAlMiG
パスフレーズ	4000単語から4単語を選択	$4000^4 \fallingdotseq 256$ 兆通り	organ impulse miss eager

　サービスの中にはパスワードを忘れたときの対策として秘密の質問を設定していることがあります。「好きな食べ物は？」や「好きな動物は？」といった質

問です。これらの質問の回答は、パスワードと同等の重要な情報です。パスワードが複雑でもこちらの回答が「カレー」や「ねこ」といった容易に推測される答えを設定していると攻撃されてしまいます。パスワードと同様に無意味で長く複雑なものを設定するか、設定を無効にできるなら無効にすべきです。

■ 秘密の質問

● パスワード攻撃者の能力

　パスワードを推測する攻撃者の能力は状況によって大きく異なります。システム設計時には用途に応じた認証方法を考えなければなりません。

　攻撃者の能力が小さい、あるいは攻撃コストが大きいと想定されるのは銀行などのATMです。攻撃者は攻撃対象のキャッシュカードを入手し、実際にATMに行き認証しなくてはなりません。防犯カメラがあり、3回間違えるとロックされます。攻撃者にとってはリスクが多く、可能な攻撃回数が少ないので数字4桁で概ね安全という社会的合意があります。

　逆に攻撃者の能力が大きいのは、パスワードで暗号化されたファイルを解読するときです。解読ソフトは何度パスワードを間違えてもロックされることはなく、膨大なマシンパワーで多くのパスワードを試せます。この場合は、十分長いパスワードを付けた上で攻撃対策をとらなければなりません。詳細はハッシュ（sec.25）で解説します。

　一般的にパスワードでログインするWebサービスに対する攻撃者の能力は両者の中間にあります。

● パスワードの攻撃手法

主なパスワード攻撃方法を紹介します。

一番単純な攻撃は全パターンのパスワードを順次試すブルートフォース（Brute-force）攻撃です。ただこの攻撃は時間がかかるため、「12345678」とか「password」といったよく使われるパスワードの一覧（リスト）を入手しておき、そのリストを順次試すと成功率が上がります。**辞書攻撃**といいます。

　これらの攻撃に対する対策は、ATMと同じく、あるユーザが複数回連続してパスワードを間違えたら、そのユーザを一時的にロックすることです。ユーザが弱いパスワードを登録しようとすると警告を出すのも有用です。

　あるユーザ（のID）を固定してパスワードを順に試すのが**ブルートフォース攻撃**ですが、逆にパスワードを固定してIDを順に試す攻撃があります。**リバースブルートフォース攻撃**といいます。

　2019年にオーストラリアのサイバーセキュリティセンターACSC（Australian Cyber Security Centre）が大規模な**パスワードスプレー攻撃**がなされているとの警告を出しました[12]。パスワードスプレー（password spray）とは、攻撃者が多数のユーザIDのリストを持ち、各IDに対して同じパスワードを順次試す方法です。IDが一巡したらパスワードリストの次のパスワードを試します。リバースブルートフォース攻撃の一種です。攻撃者は攻撃を気づかれにくくするために、時間を空けたり、複数の場所からログインを試みたりします。

　この方法は、あるユーザに対して連続的に攻撃するわけではないので攻撃検知やロック対策がとりづらいです。後述する多要素認証を導入するとよいです。

■ ブルートフォース攻撃とパスワードスプレー攻撃

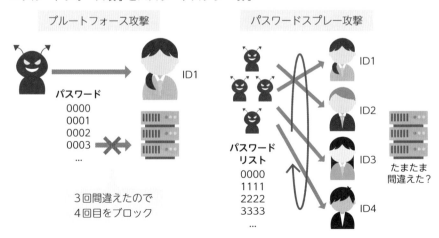

　また複雑なパスワードを使っていても、同じパスワードを他のサービスでも使っていると、片方のサービスが攻撃されたときにパスワードが漏洩し、それを使って別のサービスに不正ログインされることがあります。特にIDがメールアドレスの場合、攻撃しやすくなります。これを**パスワードリスト攻撃**といいます。複数のサービスでパスワードを使い回してはいけません。

■ パスワードリスト攻撃

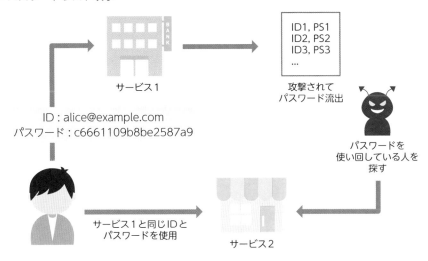

　多数のサービスで異なるパスワードを設定していると、記憶するのは困難です。そのため**パスワードマネージャ**と呼ばれるパスワードを管理するツールがあります。

■ パスワードマネージャ

パスワードマネージャー		
ドメイン	**ユーザ名**	**パスワード**
○○メール	AAA	***
△△SNS	BBB	***
□□銀行	CCC	***
※※ショップ	DDD	***
××市場	EEE	***

パスワードマネージャにサービスごとのパスワードを設定します。マスターパスワードと呼ばれるパスワードを入力すると、サービスごとのパスワードをパスワードマネージャが自動入力してくれます。

　パスワードマネージャを使うとマスターパスワードのみを覚えればよいので便利です。ただし、マスターパスワードを忘れると復旧が大変です。パスワードマネージャの中にはクラウドにデータを保存して、複数の端末から利用できるようにしているタイプもあります。利便性はより高くなりますが、パスワードマネージャサービスが攻撃されたり、不正利用されたりするリスクがあります。パスワードマネージャを利用するには十分な検討が必要です。

● 認証の分類

　近年ではパスワードのみに頼らない認証方法が普及し始めています。パスワードなど、その人だけが知っている知識を利用した認証を**知識認証**といいます。他に指紋や静脈などの生体情報を利用した**生体認証**、**ワンタイムパスワード生成器**などのその人しか持っていないものを利用した**所有物認証**があります。ワンタイムパスワード生成器は申請すると登録した銀行からその機材が送られてきます。そして送金など重要な操作のときに通常のパスワードとともに生成器が表示する数字を入力することで本人であることを認証する仕組みです。ワンタイムパスワードの代わりにスマートフォンに登録したアプリを使うこともあります。

■ ワンタイムパスワード生成器

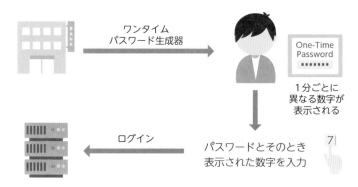

　サービス提供者がセキュリティを重視する場合、ユーザごとに**クライアント証明書**という電子証明書を発行し、ユーザはそのクライアント証明書をブラウザやOSにインストールしてサービスログイン時に認証してもらう方法があります。証明書の詳細は後の章（6章）で紹介します。ユーザにとってクライアント証明書は非常に複雑なパスワードを記録したファイルのようなものです。当然のことながらクライアント証明書を他人に見せたり、不特定多数が利用するパソコンにインストールしたりしてはいけません。

　クライアント証明書の見方はOSやブラウザによって異なりますが、たとえばFirefoxでは「証明書マネージャ」の「あなたの証明書」の欄にあります。

■ クライアント証明書の例

　証明書を耐タンパー性があるUSB接続可能な特殊なデバイス（セキュリティトークン、USBトークンとも）に入れて利用する方式もあります。この方法は所有物認証を兼ねています。

　知識認証はパスワードなどを忘れないようにしないといけませんが、覚えやすい簡単なものだと第三者に推測される危険性があります。生体認証は知識認証と違って忘れることはありませんが、怪我や病気・体質などの理由で使えないことがあります。所有物認証はデバイスのコストが高かったり、紛失したりする恐れがあります。このように知識認証・生体認証・所有物認証は一長一短があります。

■ 認証の種類と特徴

認証の種類	記憶する 必要	紛失の 危険性	コスト	紛失・漏洩時 の対策	例
知識認証	ある	ある	低	容易	パスワード・ パスフレーズ
生体認証	無い	ある （怪我など）	高	困難	指紋認証・虹彩 認証・静脈認証 ・顔認証
所有物認証	無い	ある	高	容易	ワンタイムパス ワード生成器・ 電子証明書

　これらのうち複数の認証を組み合わせたものを**多要素認証**、特に二種類の組み合わせを**二要素認証**といいます。ATMでキャッシュカードと暗証番号を用いた認証は、カードによる所有物認証と暗証番号という知識認証とを組み合わせた二要素認証です。加えて静脈による生体認証を組み合わせた三要素認証もあります。

　オンラインバンクでパスワードによる認証が成功したら、次に登録したスマートフォンに認証コードが送られてきてそのコードを入力して初めてログインできるシステムがあります。SNSでもそのような仕組みを利用できるところが増えています。これらは知識認証と所有物認証の組み合わせの二要素認証ですが、認証が二段階になっているので**二段階認証**とも呼ばれます。

　パスワードのみに頼らない認証技術は重要ですが、実装がばらばらでは扱いづらいし普及もしません。そこでFIDO（Fast IDentity Online）という様々な認証を統一的に扱える規格があります。FIDOは署名（sec.29）で説明します。

◉ 認可

　通常Webサービスではアクセスしてきた人があるユーザであることを認証した後、そのユーザの属性に応じてシステムへのアクセス権限を決めます。これを**認可**（Authorization）といいます。認証と認可はよく似た言葉ですが異なる概念です。

　会社の情報にアクセスするシステムでは、本人を認証した後、その人の役職

や権限によって見えたり、書き換えたりできる範囲が変わります。決められた
ルールに従ってどんな操作が許されるのかを制御するのが認可です。

■ 認証と認可

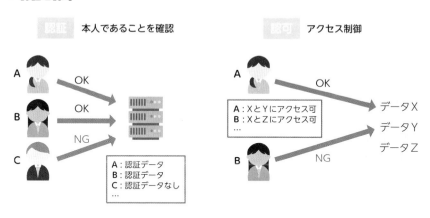

スマートフォンのアプリをインストールしたときに、そのアプリが位置情報
やアドレス帳などどんな情報にアクセスするか確認したり設定したりします。
　サービスやアプリにどういう操作の権限を与えるのか決めるのも認可です。

◎ OAuth

　たとえばクラウドに個人的な写真を保存できるサービスXと写真を編集・公
開できるアプリYがあったときに、いちいちXにログインして写真をダウンロー
ドするのは面倒です。サービスXが写真にアクセスする方法APIを提供し、Y
からAPI経由でリソースを取得できると便利です。しかしXのログインパスワー
ドをYに教えるのはよい方法とはいえません。Yがパスワードを漏洩したり、
悪用したりするリスクがあるからです。そこでリスクを減らすためにYがXの
APIを利用できるよう認可する方法が考えられました。その標準的な枠組みが
RFC6749で定義された**OAuth** 2.0（Open Authorization）です[13]。

　パスワードの代わりに**アクセストークン**と呼ばれるデータを用いてYがXの
リソースにアクセスします。アクセストークンを発行する主体を認可サーバ
（サービスXが提供）、アクセスを依頼する側をクライアントといいます。アク

セストークンでできることは制限されているためパスワードを渡すことに比べて安全です。

■ アクセストークンによるアクセス

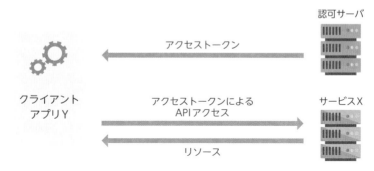

クライアントはWebアプリの場合とネイティブアプリの場合があります。ここではスマートフォンでよく使われる後者の方法を紹介します[14]。認可コードグラントというアクセストークンを発行する手続きは次の通りです。

1. クライアントがブラウザ経由で認可サーバにクライアントIDとリダイレクトするためのURIと共に認可リクエストを送る。
2. 認可サーバはブラウザ経由でユーザ認証を行い、許可の許諾画面を出す。

■ connpassがTwitterに許可を得る例

3. ユーザの許可が出れば、認可サーバはブラウザでリダイレクトして**認可コー**ドをクライアントに送る。

4. クライアントは認可コードとリダイレクトURIを認可サーバに送る。

5. 認可サーバがクライアントを認証し、認可コードとリダイレクトURIを検証してアクセストークンをクライアントに送る。

■ OAuth 2.0の認可コードグラント

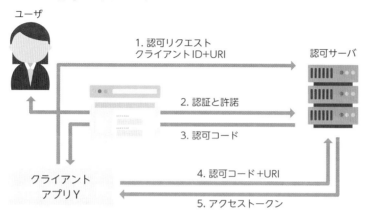

　認可コードはサーバがクライアントを正しく検証するために使うランダムな数値です。万一漏洩しても悪用されないよう一度しか利用できず、有効期間は10分程度です。ステップ3で認可コードではなくアクセストークンを返し、ステップ4と5を省略する方法を**インプリシットグラント**（Implicit grant）といいます。手順が一つ減りますが、認可コードを使う方式に比べて安全性に問題があるため現在は非推奨です。

まとめ

- パスワードは長く、他人に推測できないものを設定する。
- 多要素認証を使うと安全性が高まる。
- ある人が本人であることを確認するのが認証、その人が何にアクセスできるかを決めるのが認可である。

04 古典暗号

厳密な定義があるわけではありませんが、1970年代後半から始まった系統だった学問としての暗号を現代暗号、それ以前の暗号を古典暗号といいます。
まず簡単な古典暗号とその問題点を理解しましょう。

● シフト暗号

　二人の間で数字を決めておき、その数だけ文字をずらして暗号文を作る方法があります。**シフト暗号**と呼ぶことが多いです。小さい頃、遊びで作られた方もいらっしゃるのではないでしょうか。

　この場合、ずらす文字数が秘密にすべき鍵（秘密鍵）、暗号文は平文の各文字を秘密鍵の分だけずらして作り、復号は暗号文の各文字を逆向きにずらして行います。

　たとえばアルファベットの「a」から「z」までの文字を使い、3文字後ろずらす場合の変換表は

■ 3文字後ろにずらす変換表

a	b	c	d	e	f	g	h	i	j	k	l	m	n	o	p	q	r	s	t	u	v	w	x	y	z
d	e	f	g	h	i	j	k	l	m	n	o	p	q	r	s	t	u	v	w	x	y	z	a	b	c

となります。「z」の次は「a」に戻ります。大文字の場合は大文字のまま変換しておきましょう。紀元前のシーザー（J. Caesar）が使ったとされるので**シーザー暗号**ともいいます。

　平文「hello」に対応する暗号文は「khoor」です。この暗号は簡単に作れますが、それだけにとても簡単に解読されてしまいます。

　たとえば「Bpqa qa i xmv」という暗号文を考えてみます。平文が英語だと分かっているとしましょう。この暗号文の中の「i」は1文字なので前置詞の「a」だろうと推測します。「a」を8文字後ろにずらすと「i」になるので、逆に暗号文

の文字を8文字前にずらしてみます。

　まず8文字前にずらす復号表を準備します。

■ 8文字前にずらす復号表

a	b	c	d	e	f	g	h	i	j	k	l	m	n	o	p	q	r	s	t	u	v	w	x	y	z
s	t	u	v	w	x	y	z	a	b	c	d	e	f	g	h	i	j	k	l	m	n	o	p	q	r

　表を見ながら「B」は「T」、「p」は「h」と順に変換すると「This is a pen」と元の平文が現れました。

　この暗号の秘密鍵は何文字ずらすかの種類、つまり「a」の行き先が「a」から「z」までのどれかになる26通りです。ただし「a」を「a」に動かすというのは何も動かさない、平文 = 暗号文の状態です。25通り試してそれらしい文章が復元できたらおそらくそれが正解でしょう。

● 換字式暗号

　文字をずらすだけのシフト暗号はあまりに簡単でした。そこでもう少し複雑にするために表を使ってみます。「a」から「z」までのアルファベットの順序をでたらめにした表（ここでは**換字表**と記します）を作り、それに従って暗号化するのです。この場合、その換字表が秘密鍵に相当します。**換字式暗号**といいます。なお、シフト暗号のずらす暗号表を換字表の一種とみなすとシフト暗号は換字式暗号の特別なケースとみなせます。

■ 換字表の例

a	b	c	d	e	f	g	h	i	j	k	l	m	n	o	p	q	r	s	t	u	v	w	x	y	z
g	m	y	o	l	q	t	a	w	v	i	c	x	s	j	b	u	d	k	p	f	r	e	h	z	n

　先程の平文「This is a pen」を換字表に従って暗号化すると「Pawk wk g bls」になります。

　シーザー暗号と同様にこの暗号文が与えられたときに換字表を使わずに解読できるか試してみましょう。まず「g」が「a」、そして「wk」が「is」と推測する

と「Pawk」は「○○is」という英単語なので多分「This」でしょう。しかし「bls」はどの文字も暗号文の中にここにしか現れていないのでこれ以上のことは分かりません。

　換字式暗号の秘密鍵は何種類あるでしょうか。「a」を別の文字に変換するパターンは同じ「a」にする場合も含めて26通り。次に「b」を別の文字に変換するパターンは「a」の行き先以外なので25通り。「c」の行き先は24通り、と考えると全部で $26 \times 25 \times ... \times 1$ で約 4×10^{26} 通り（4の後に0が26個続く）です。

　文字をずらすだけのシフト暗号の秘密鍵の26通りに比べて圧倒的に多いです。これだけあると秘密鍵を一つずつ試すのはかなり大変です。

　ただし、平文が英語の場合、「a」から「z」までのアルファベットの出現頻度は「e」、「a」、「t」…の順で高いことが知られています。この暗号の平文と暗号文の文字は一対一で対応しているのでアルファベットの出現頻度もそのまま保持されます。したがって、暗号文に出てくるアルファベットの出現頻度を調べて一番多いものが「e」だろうと推測できます。また「q」の次はほぼ「u」といった特徴も保持されるのでそういった情報も利用できます。このように1文字ずつ変換するだけの暗号文には元の平文の痕跡がたくさん残っています。先程の暗号文は短いのでそれ以上解読を進められませんでしたが、暗号文が長くなればなるほどたくさんの英語の情報を保持しているので解読が易しくなります。

　つまり安全な暗号であるためには秘密鍵の種類が十分たくさんあるだけでは不十分です。暗号文に元の平文の偏りを示す統計情報が残らないようなものでなくてはなりません。

　今まで、多くの暗号が暗号文に残るわずかな偏りを元に攻撃されてきました。現代暗号はそのような偏りが無いように設計されています。

◉ 符号化

　符号化は暗号とは異なる概念なのですが、コンピュータで情報を扱う際には必須の概念なので紹介します。インターネット上で通信をするにはまず、文章をコンピュータで扱える形にしなくてはなりません。文章やデータをコンピュータで扱える形にすることを符号化といいます。符号化は様々な方法がありますが、皆が使っているものに従うと相互運用が容易になります。

最もポピュラーなのは、アルファベットや数字、多少の記号だけに限定にした ASCII と呼ばれる文字コードです。どの文字がどういう数値に対応するか一覧にしたものを ASCII コード表といいます。

■ ASCII コード表（制御文字を除く）

上位＼下位	0	1	2	3	4	5	6	7	8	9	a	b	c	d	e	f
2	sp	!	"	#	$	%	&	'	(	)	*	+	,	−	.	/
3	0	1	2	3	4	5	6	7	8	9	:	;	<	=	>	?
4	@	A	B	C	D	E	F	G	H	I	J	K	L	M	N	O
5	P	Q	R	S	T	U	V	W	X	Y	Z	[	\	]	^	_
6	`	a	b	c	d	e	f	g	h	i	j	k	l	m	n	o
7	p	q	r	s	t	u	v	w	x	y	z	{	|	}	~	

ASCII コードは 16 進数で表記することが多いので、まず 16 進数を説明します。

10 進数は 0 から 9 までの 10 通りの数値の連なりで表し、1 桁増えるごとに 10 倍された値を表します。たとえば 10 進数で「23」は「2×10+3」を意味します。16 進数では 0 から 9 までの数値に加えてアルファベットの「a」から「f」までを使います。「a」は 10 進数の 10, 「b」は 11, ..., 「f」は 15 を表します。そして 1 桁増えるごとに 16 倍された値を表します。たとえば 16 進数で「a5」は「a(=10)×16+5」なので 10 進数の 165 です。

■ 10 進数と 16 進数

10進数	0	1	2	3	4	5	6	7	8	9	10	11	12	13	14	15	16	17	18	19	20
16進数	0	1	2	3	4	5	6	7	8	9	a	b	c	d	e	f	10	11	12	13	14

ASCII コード表の見方は、ある記号に対して、その記号がある「上位下位」が対応する 16 進数の数値です。ここで上位、下位とは 16 進数 2 桁の左側と右側を意味します。たとえば「A」は上位「4」、下位「1」にあるので対応する数値は 16 進数で「41」です。10 進数で考えると 4×16+1=65 となります。同様に「B」、「C」はそれぞれ 16 進数で「42」、「43」です。表の上位「2」、下位「0」にある「sp」

は「スペース」を表します。

　上位「0」と「1」に対応する16進数で「00」から「19」までは制御文字と呼ばれる特殊な文字を表します。したがって、ここで示したASCIIコード表ではそれらの制御文字を除いて上位「2」から始めています。

　「hello」のASCIIコードを並べると「68 65 6c 6c 6f」となります。ASCIIコード表を知らない人にはこの数字列を見ると暗号に見えるでしょう。しかし表を知っている人は誰でも「hello」と分かるので符号化は暗号化と異なるものです。ただし換字式暗号の秘密鍵である換字表が皆に知られている状態と考えることはできます。

　日本語の符号化にはJISやShift_JIS（CP932）、EUC-JPなど様々な方式がありましたが、近年は世界中で使われる文字を表そうとしているUnicode、およびその符号化方式として**UTF-8**が広く使われています。UTF-8はアルファベットや数字などについてはASCIIと互換性があります。

■「こんにちは」の符号化

符号化方式	16進数でのコード
Shift_JIS	82 b1 82 f1 82 c9 82 bf 82 cd
UTF-8	e3 81 93 e3 82 93 e3 81 ab e3 81 a1 e3 81 af

　日本語で書かれた文章を暗号化する場合は、文字コードをShift_JISやUTF-8で符号化してから暗号化することが多いです。

■ まとめ

▷ シフト暗号よりも換字式暗号の方が秘密鍵の種類がはるかに多い。

▷ 平文の文字頻度などの情報が暗号文に残っていると解読されやすい。

▷ 現在使われている暗号は平文の情報が残らないように設計されている。

2章

▼

アルゴリズムと
安全性

現在、インターネットなどで広く使われている
暗号は安全性の評価がきちんとなされたもので
す。 そのためには安全性を定義し、客観的な
指標を用いて評価されなければなりません。
この章では暗号の安全性を考える上で重要な概
念を紹介します。

05 アルゴリズム

ある暗号が安全かどうかを議論するためには、誰もが同じ解釈ができるように明快な定式化が必要です。そのためのアルゴリズムについて紹介しましょう。

● アルゴリズムとは

アルゴリズムとは、ある計算をするための方法を正確に記述した手順書のことです。コンピュータのソフトウェア開発では仕様書が使われます。しかし曖昧な書き方では仕様書を書いた人と読む人の間で解釈の相違が出るかもしれません。

アルゴリズムでは複数の意味にとれてしまうような曖昧な説明を無くし、特別なパターンも漏れなく記します。

たとえば「みかん、またはリンゴを買ってきて」という依頼に対して、みかんとリンゴの両方を買ってくると「両方は要らなかったのに」と言われるかもしれません。依頼がみかんとリンゴの両方を買ってきてよいのかが曖昧だったのです。また「みかんとリンゴのどちらか一方だけ買ってきて」ではどちらもお店に無かったときに見つかるまでお店をさまよい、依頼者の想定以上に時間がかかってしまうかもしれません。面倒でも

1. みかんがあればみかんを買って帰る。
2. みかんが無いとき、リンゴがあればリンゴを買って帰る。
3. どちらも無いときは何も買わないで帰る。

という依頼だと曖昧さは無くなります。

3番目の条件により、要求を満たさない場合にも「できない」として終了します。アルゴリズムはどんな場合でも有限回の操作で停止するように記されていなければなりません。

■ みかん、またはリンゴ

みかんかリンゴの
どちらか一つのみ

みかんとリンゴの
両方でもよい

別の例を出すと「与えられたa, bに対してax + b = 0を満たすxを求めよ」という問題について「x = –b / aとせよ」というアルゴリズムを作ったとします。このままコンピュータで処理するとa = 0のときエラーになるか、何かおかしな値が出るか状況によるでしょう。「a = 0のときはエラーを出力せよ。そうでないときはx = –b / aとせよ」と場合分けしないといけなかったのです。

ただアルゴリズムをどれぐらい詳しく説明するのかは状況によります。たとえば上記の例で「–b / aとせよ」と書きましたが、bとaが整数のときは切り捨てるのか、あるいは小数にするのか、小数なら有効数字何桁なのかといった曖昧さがあります。受け手側がその曖昧さを許容する場合は上記のままで構いません。あまりに細かく記されると逆に分かりにくくなることがあるからです。しかし、実際にプログラミングするときにはより詳しい説明が必要になることがあります。場合によっては割り算の方法を具体的に記述しなければならないかもしれません。

● アルゴリズムのステップ数

ある処理をするアルゴリズムは一つとは限りません。アルゴリズムの具体例をいくつか見ながら、その善し悪しを観察しましょう。

たとえば1からnまでの整数の和を計算するアルゴリズムを考えます。1から順に足す方法を記載すると次のようになります。

・入力：n（1以上の整数）
・出力：1からnまでの整数の和

1. sum = 0とする
2. i = 1とする
3. sumをi増やす
4. iを1増やす
5. iがn以下ならstep 3に戻る
6. sumを出力する

　入力がn = 3のときリストの1, 2, 3, 4行目まで進みi = 2となります。そして5行目でi ≦ nが成り立つので3行目に戻ります。そして4行目でi = 3となり、5行目でまだi ≦ nが成り立つのでもう一度3行目に戻ります。今度は4行目でi = 4となり、5行目が成り立たないので6行目に進みsum = 6を出力します。出力するまで全部で12個の手順を踏みました。ここで手順の一つをステップと呼びましょう。nが大きくなると出力するまでにかかるステップ数が増えます。たとえばn = 10だと33ステップになります。
　しかし1からnまでの和の公式1 + 2 + … + n = n（n + 1）/ 2を知っている人なら次のアルゴリズムにするでしょう。

・入力：n（1以上の整数）
・出力：1からnまでの整数の和

1. n × (n + 1) / 2を計算して出力する

　この場合、nの大きさに関わらず1ステップで答えが出ます。ただし、前者の方法は足し算しか使いませんでしたが、後者の方法は掛け算と割り算を使っています。今回はそれらをまとめて「1ステップ」と書きましたが、掛け算や割り算の処理が大変なときは単純にまとめることはできません。場合によっては、詳細なアルゴリズムが必要になります。

● 効率のよい探索

　二人で数当てゲームをします。Aさんが1から16までの数字のどれかを選び、Bさんが Aさんに、「はい」か「いいえ」と答えられる質問をしながらその数字を当てます。Bさんが「その数字は1ですか」「その数字は2ですか」...と聞くと、どこかで「はい」が返ってきて答えが分かります。この方法だと最大15回質問しなければなりません（1から15まで全て「いいえ」なら16と分かる）。

　しかし、次のようにするともっと少ない質問で正しい答えにたどり着けます。まずBさんが「8以下ですか」と聞きます。Aさんの答えが「はい」なら「4以下ですか」、「いいえ」なら「12 (=8+4) 以下ですか」とします。聞く範囲を8→4→2→1とすると最大4回で答えにたどり着けます。数の範囲が大きくなると両者のやり方の差はとても大きくなります。

■ 質問のやり方

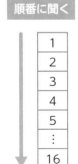

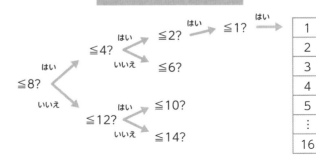

まとめ

▷ **アルゴリズムとは計算手順書のことである。**

▷ **アルゴリズムは誰が見ても同じ解釈になるように書く。**

▷ **同じ処理をするにもアルゴリズムによってステップ数が異なる。**

06 安全性

前節のアルゴリズムでは同じ処理をするにも速いアルゴリズムと遅いアルゴリズムがあることを紹介しました。ここではもう少し正確な比較をするための O 記法と暗号の安全性を評価するためのセキュリティパラメータを解説します。

● O記法

　2種類の暗号があったとき、どちらの暗号がより安全か比較するためには統一的な指標が必要です。暗号解読にもアルゴリズムを使うのでアルゴリズムを比較するための指標を用意します。一般的にアルゴリズムの性能は、それがどれぐらいの時間で終わるのか、どれぐらいのメモリを必要とするかという観点で比べられます。

　アルゴリズムの性能を分類するために、まずランダウ（Landau）の記号 O 記法を説明します。O は数字のゼロではなくアルファベットの「オー」です。

　O記法はパラメータ n に関するある関数 f(n) の n が大きくなったときのざっくりとした振る舞いを表現します。十分大きな n について f(n) が一定のとき「f(n) のオーダーは O(1)」といいます。十分大きな n について n が2倍、3倍となるにつれて f(n) が2倍、3倍になるときは「f(n) のオーダーは O(n)」といいます。

　ここで「十分大きな n について」というやや曖昧な言い方をしているのは、たとえば「f(n) = 3n + 5」のような関数もオーダーが O(n) といいたいからです。実際 f(10) = 35, f(20) = 65, f(30) = 95 なので n = 10 から2倍、3倍になっても f(n) は 35 の2倍、3倍にはなっていません。しかし、たとえば n = 100000 だったら f(100000) = 300005, f(200000) = 600005, f(300000) = 900005 なので n が2倍、3倍になったとき f(n) はほとんど2倍、3倍になっています。「+5」の部分は大きな n については無視できるほど小さい差になります。「f(n) = 3n + 5」も「f(n)=100n+10000」もとても大きな n に対しては n が2倍、3倍になると f(n) が約2倍、3倍になるのでどちらもオーダーは O(n) です。オーダーを考えるときは n の係数「3」や「100」は無視されます。

■ O(n) の例 : f(n) = 3n + 5

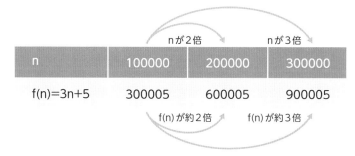

別の例を見ましょう。「f(n) = $2n^5$ + $50n^4$ – $3n^3$ + $2n^2$ + 100」の場合、nがとても大きくなると「$2n^5$」に比べてその後ろの「+ $50n^4$ – $3n^3$ + $2n^2$ + 100」は無視できるほど小さくなります。したがって、f(n)のオーダーは$O(n^5)$であるといいます。一般にf(n)がnについてのd次多項式ならそのオーダーは$O(n^d)$です。テキストによってはここで説明したO記法の代わりにΘ記法（Θはシータと読む）という記号を使い、O記法は少し条件の弱い形のときに使うことがあります。

さて、アルゴリズムの性能評価の話に戻ります。一般にアルゴリズムは何かを計算するための入力パラメータをとります。計算は「1からnまでの和」、「n個の中のどれかを探す」や「nビットRSA暗号を解読する」など様々です。アルゴリズムの性能評価は大きなパラメータnが与えられたときのステップ数のオーダーにO記法を使います。

オーダーがO(1)なら入力パラメータが大きくなっても計算時間が変わらない**定数時間**アルゴリズム、O(n)なら**線形時間**アルゴリズム、$O(n^d)$ならd次の**多項式時間**アルゴリズムといいます。

前節で紹介したアルゴリズムの性能をO記法で表しましょう。まず最初の1からnまでの和を求める方法で、一つずつ足していく場合はn回ループするのでO(n)です。次に紹介した和の公式を使う方法はO(1)です（ただしここでは簡単にするため掛け算も1ステップと数えています）。「効率のよい探索」は1回の質問ごとに候補の範囲が半分になります。したがって、n個の範囲に対して質問は$\log_2(n)$程度の回数で済みます。O記法を使うときは対数の底を省略して**対数時間** O(log(n)) と書きます。対数時間はnが大きくなってもあまり増えない優秀なアルゴリズムです。逆に、nが大きくなると爆発的に大きくなる**指数時間**

O(2^n)アルゴリズムもあります。一般的に同じ処理をさせるなら、増え方がゆっくりなアルゴリズムを使う方が効率的です。

■ 指数時間、多項式時間、対数時間のグラフによる比較

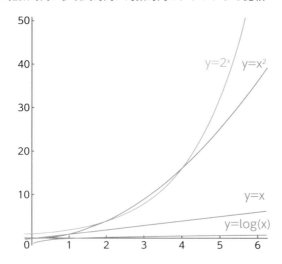

■ 指数時間、多項式時間、対数時間の数値による比較

n	1	10	100	1000
O(n)	1	10	100	1000
O(n^2)	1	100	10000	1000000
O(log(n))	0	2.3	4.6	6.9
O(2^n)	1	1024	1.2×10^{30}	1.0×10^{301}

　指数時間、多項式時間、対数時間のグラフや数値による比較を見ると性能差を実感できます。指数時間アルゴリズムは1ステップが数十倍速くなったところで大勢に影響はありません。この比較では、ある程度の定数倍の差は無視してよいことが分かります。

　メモリの消費量にもO(n)やO(2^n)という表記を使います。アルゴリズムの中にはメモリの消費量がO(2^n)だけれども計算時間がO(n)で済むもの、メモリ消費量がO(n)で計算時間がO(n log(n))であるものなどいろいろあります。その中からメモリと時間の兼ね合いを見つつ適切なアルゴリズムを選びます。

● ビットと表現可能な範囲

あるスイッチがオンかオフか、ドアが開いているか閉まっているかなどといった2個の状態のうちどちらかを表す情報の最小単位を**ビット**といいます。その状態は1（真）か0（偽）で表現できます。通常、コンピュータは内部で1ビットを最小単位とするデータを扱っています。

1ビットの情報では0か1の2通りしか表現できませんが、1ビットを2個合わせて2ビットにすると00, 01, 10, 11の4通りを表現できます。3ビットなら000, 001, 010, 011, 100, 101, 110, 111の8通りです。1ビット増えるごとに2倍になるので一般にnビットあれば2^n通り表現できます。

この表記を2進数といいます。4ビットなら0000から1111まで16通りなので16進数の0からfに対応します。したがって、2進数を4桁ずつ区切ってそれぞれを16進数に置き換えると簡単に16進数表示ができます。たとえば2進数の01010110は0101と0110に区切り、それぞれが16進数で5と6なので全体で56となります。

8ビットを一つの固まりとして1**バイト**といいます。昔は1バイト＝8ビットではないコンピュータもあったので1**オクテット**ということもあります。

秘密鍵の情報をnビットで表現できるとき、秘密鍵のサイズ（**鍵長**）がnビットであるといいます。鍵長が128ビットあれば、その種類は$2^{128} ≒ 3.4 × 10^{38}$通り、256ビットの秘密鍵なら$2^{256} ≒ 1.2 × 10^{77}$通りです。0を並べて表示すると

$$2^{128} ≒ 34000000000000000000000000000000000000$$

$$2^{256} ≒ 120000000000000000000000000000000000000000000000000000000000000000000000000000$$

です。1兆円が$1 × 10^{12} = 1000000000000$円なので$10^{38}$や$10^{77}$がいかに大きいか分かります。256ビットは128ビットの2倍のサイズなのに表現できる種類は$3.4 × 10^{38}$倍も大きいことに注意してください。文字通り桁違いに大きいのです。

● セキュリティパラメータ

　古典暗号の節で見たように、簡単な暗号は容易に破られました。理想は、どうやっても絶対に破られない暗号です。しかし残念ながら小さい秘密鍵で大きな平文を暗号化するやり方では、どうやっても理想の暗号を作れないことが理論的に知られています。

　そこで理想の安全性はないけれども現実的には破れないだろうという暗号を考えることにします。そして、暗号の安全性を表す指標を、暗号を破るのに必要な計算コストで表現します。その指標を**セキュリティパラメータ**といいます。つまり現代暗号の安全性は、セキュリティパラメータを用いて評価します。

　共通鍵暗号は3章で詳しく解説しますが、前項で述べたように共通鍵暗号の鍵長がnビットならその種類は2^n個あります。この暗号を解読する一番単純なアルゴリズムはその2^n個の秘密鍵を一つずつ試す方法です。パスワードの解読と同じくしらみ潰し法、あるいはブルートフォース法といいます。この解読アルゴリズムの計算コストは$O(2^n)$です。ブルートフォース法は簡単ですが確実なのでこれ以上コストの高い攻撃アルゴリズムを考える必要はありません。

　ある共通鍵暗号の解読アルゴリズムがブルートフォース法しかないとき、その共通鍵暗号の安全性はnビットセキュリティであるといいます。

　たとえば鍵長が128ビットなら$2^{128} \fallingdotseq 3.4 \times 10^{38}$の計算コストです。ここで一つあたりのコストの計算時間は明記されていないことに注意してください。

　2020年における世界最速のスーパーコンピュータ、富岳は442**ペタフロップス**（PFLOPS）、つまり1秒間に44.2京（442000兆）回、分散コンピュータ、フォールディング・アット・ホーム（Folding@home）は1秒間に200京回以上小数の計算ができる性能です。1回の小数の計算は$1 / (200 \times 10^{16}) = 5 \times 10^{-19}$秒です [15] [16]。

　1回の鍵のチェックには小数よりも複雑な計算が必要ですが、仮に1ステップを5×10^{-19}秒でできたとしても、$3.4 \times 10^{38} \times 5 \times 10^{-19} = 1.7 \times 10^{20}$秒 $\fallingdotseq 5.4$兆年です。宇宙の年齢は138億年と言われており、実行するのは不可能です。

　コンピュータの性能が上がってこの1億倍速くなったとしても5万年以上かかります。そのぐらいの性能差では、不可能という結論が変わらないので1ステップあたりの計算時間はあまり気にしていません。これはO記法を使うとき

にnの係数を無視していることに対応します。

　もちろん、1ステップを10^{-39}秒で実行できれば1秒で解けてしまいますがそこまでの性能のよいコンピュータは想定できません。現在は128ビットセキュリティなら数十年は安全だろうと考えられています。

　ちなみに256ビットセキュリティならそんな想定外のコンピュータがあったとしても3×10^{30}年かかる計算です。

■ 200京回／秒で共通鍵暗号AESを攻撃できたとしたら

宇宙の年齢	138億年
128ビットAESの解読	54000億年
256ビットAESの解読	180000000000000000000000000000000000000000000000億年

　量子コンピュータ（sec.48）が実用化すればこの概算も修正しなければなりませんが、それでもおそらく破れないでしょう。

　ただし量子コンピュータが見つからなくても、誰かがより効率のよい攻撃方法を見つけ、セキュリティパラメータが下がることがあります。セキュリティパラメータで表される安全性は未来永劫保証されたものではなく、ある日突然安全でなくなる可能性があることに注意してください。

　暗号は新しい安全な方式を提案する人と、それを解読しようとする人の両輪でよりよいものになっているのです。

まとめ

▶ アルゴリズムの性能はパラメータが大きくなったときの変化の差で評価する。

▶ ブルートフォース法以外の攻撃方法が存在しないnビット鍵長の共通鍵暗号は、nビットセキュリティの安全性である。

▶ 暗号の安全性はその時点での攻撃手法の評価に依存する。

07 暗号技術の危殆化

暗号技術の危殆化（きたいか）とは、計算機の性能向上や暗号解読・攻撃手法の進展に伴って暗号の安全性が低下することです。危殆化の問題点について考えましょう。

● コンピュータの性能向上と暗号の安全性

　暗号技術はこれから紹介する共通鍵暗号・ハッシュ関数・公開鍵暗号・署名・楕円曲線暗号といった様々な要素技術があります。それぞれの用途や機能が異なるので比較しづらいですが、現在安全とされている128ビットセキュリティに対応するビット数を表にまとめました。詳細は楕円曲線暗号（sec.23）も参照ください。

■ 128ビットセキュリティに必要な大まかなビット数

共通鍵暗号	ハッシュ関数	RSA暗号	楕円曲線暗号
128	256	約3000	256

　公開鍵暗号の一つであるRSA暗号は、過去には銀行などのセキュリティが重視される環境でも512ビットの鍵長が使われていることがありました。しかしコンピュータの性能向上に伴い、1999年に512ビットが、2020年には800ビット前後のRSA暗号が破られています。図はCRYPTRECの「暗号技術検討会2020年度報告書」の「図3.2-1 素因数分解の困難性に関する計算量評価」を元に著者が改変したものです[17]。

　図の縦軸のFLOPSは1秒間に小数の計算を何回できるか、横軸は西暦を示します。横点線はその暗号を1年間で解読するのに必要な性能を示します。斜めの線はこれまでのスーパーコンピュータのトップの性能を直線近似しています。1024ビットRSA、2048ビットRSAの解読に必要な性能はそれぞれ 10^{17} FLOPS未満、10^{27} FLOPS程度と推測されています。2020年の時点で1024

ビットRSA暗号の解読報告はありませんがスーパーコンピュータを1年間利用すれば破れると推測されているため2048ビット以上が推奨です。図には出ていませんが256ビットの楕円曲線暗号 **ECC**（Elliptic Curve Cryptography）は2048ビットRSAよりも安全と考えられています。

■ スーパーコンピュータと暗号解読に必要な性能の見積もり

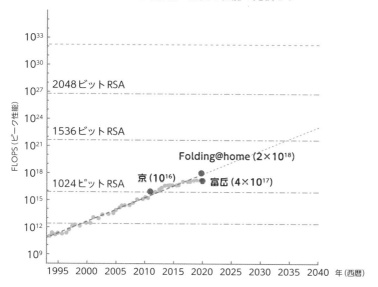

○ 運用監視暗号リストと推奨暗号リスト

　コンピュータの性能向上による暗号の**危殆化**は見積もりやすいのですが、暗号技術に対する攻撃手法の発展による危殆化は見積もりが難しいです。 ある日、ある暗号が突然破られる可能性は常にあるからです。それでも通常は、ある暗号技術に対する理論的な攻撃の可能性の発見、いくつかの弱いパターンの発見、パラメータを小さくした場合の実装実験、実際の暗号に対する攻撃といった段階を踏みます。そこで国や大きな機関は学会や会議の動向を注視し、なるべく早い段階で対策を考えます。

　暗号技術は世界中で広く使われているため、ある暗号が危殆化したからといってすぐに切り換えられるわけではありません。インターネットでは相互接続する必要があるため、片方だけ新しいアルゴリズムに変更するとつながらな

くなるからです。

　安全な暗号は鍵長が長くなったり、複雑な処理が必要でCPUやメモリのリソースが増えたりする傾向にあります。特に組み込み機器などのパソコンに比べて非力なデバイスでは暗号処理が固定化されていて変更できないことがしばしばあります。

　そのため暗号技術は長いスパンで切り替え時期や新しい技術の導入の計画が立てられています。国内ではCRYPTRECが電子政府のための運用監視暗号リストと推奨暗号リストを公開しています[18]。

　運用監視暗号リストに掲載されているものは互換性維持以外の目的での利用は推奨しないもので、たとえば共通鍵暗号のトリプルDESがあります。推奨暗号リストは利用実績が十分あり、今後の普及が見込まれるものです。

■ 運用監視暗号リスト（抜粋）

技術分類	暗号技術
署名	該当無し
秘匿性のための公開鍵暗号	RSAES-PKCS1-v1_5
鍵共有	該当無し
64ビットブロック暗号	3-key トリプルDES
ストリーム暗号	該当無し
ハッシュ関数	RIPEMD-160, SHA-1

・「CRYPTREC 電子政府における調達のために参照すべき暗号のリスト」より一部抜粋

　またIPAもサービス運営者がどのようにサーバを設定したらよいかのガイドラインを公開しています[19]。

　暗号を利用するときは、これらのドキュメントを参照するとよいでしょう。TLS 1.3（7章参照）で利用されている暗号も安全性が高いと評価されたものです。

■ 電子政府推奨暗号リスト（抜粋）

技術分類	暗号技術
署名	DSA, ECDSA, RSA-PSS など
秘匿性のための公開鍵暗号	RSA-OAEP
鍵共有	DH, 楕円曲線 DH
128 ビットブロック暗号	AES, Camellia
ストリーム暗号	KCipher-2
ハッシュ関数	SHA-256, SHA-384, SHA-512

・「CRYPTREC 電子政府における調達のために参照すべき暗号のリスト」より一部抜粋

◉ 危殆化の問題点

　現在インターネットで使われている主な暗号技術は2030年を超えても当面は安全だろうと考えられています。そのため日常的に利用されているし、データを暗号化して保存することで情報流出にも備えます。

　ただ、それらの通信や暗号文が50年後も安全かどうか現時点で誰にも分かりません。もしかしたら簡単に解読できるようになっているかもしれません。

　情報の秘匿性の重要度は様々です。たとえば会社のプレスリリースの情報なら公開日まで秘匿できていれば十分ですが、門外不出のレシピ、個人の行動履歴や日記などずっと隠しておきたいものもあります。重要度によってどのようなサービスや暗号方式を利用するかは各自の判断に任されます。

　個人情報の中でゲノムデータ（DNAの塩基配列など）は個人識別符号と呼ばれ、医学的な解釈を含めたゲノム情報は要配慮個人情報として取り扱いに特別な配慮が求められています[20]。ゲノム情報の中には血縁者で共有されるものもあります。ゲノム情報を扱うクラウドサービスを安易に利用して将来情報漏洩した場合、子孫はそんなことをしてほしくなかったと思うかもしれません。リスクを考え出したらきりが無いのですが、ゲノム情報を扱う機関はもちろん、私たち個人も暗号の長期運用に関する危殆化のリスクについて考えてみるとよいでしょう。

■ ゲノム情報の懸念点

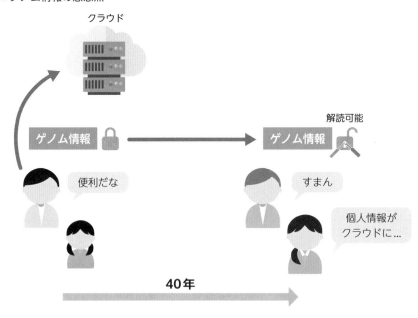

　残念ながら、大きなデータを手元の小さい鍵で暗号化してサーバに置いておくという形で未来永劫安全という方法は現時点で存在しません。永続的な安全性を目指す研究も進められていますがまだあまり実用的ではないようです。今後の研究の発展に期待します。

> ## まとめ
>
> ▶ 計算機の性能向上や暗号解読手法の発展に従って暗号が安全でなくなることを危殆化という。
>
> ▶ 相互運用を考慮すると暗号技術要素の入れ替えには長い時間がかかる。
>
> ▶ 暗号の危殆化のリスクは常に存在する。

3章

▼

共通鍵暗号

この章から現代暗号の解説に入ります。現代暗号は単に暗号方式を作るだけでなく、その安全性の根拠もきちんと評価します。従来の古典暗号に類似の共通鍵暗号と、暗号に必須の乱数について紹介します。

08 共通鍵暗号

ドアや金庫などの鍵は閉めるときと開けるときに同じ鍵を使います。共通鍵暗号も暗号化するときと復号するときに同じ鍵を使うので分かりやすいです。1章で紹介した古典暗号は全て共通鍵暗号といえます。

共通鍵暗号とは

　暗号化するときに使う鍵（秘密鍵）と復号するときに使う鍵が同じ暗号方式を**共通鍵暗号**といいます。**秘密鍵暗号**や**対称鍵暗号**ともいいます。共通鍵暗号を使うときは、暗号化する人と復号する人の間で事前に秘密鍵を共有しておき、秘密鍵を他人に知られないようにしなければなりません。

　共通鍵暗号は暗号化アルゴリズムと復号アルゴリズムからなります。

　暗号化アルゴリズムは秘密鍵sと平文mを受け取り暗号文cを出力します。

■ 共通鍵暗号のモデル

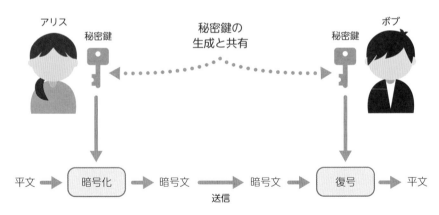

　sは秘密鍵（secret key）、mはメッセージ（message）、cは暗号文（ciphertext）の先頭一文字を取りました。これをc = Enc(s, m)と書きます。「Enc」は暗号化する（encrypt）という意味です。秘密鍵が明らかなときはc = Enc(m)と書くこ

とがあります。

復号アルゴリズムは秘密鍵sと暗号文cを受け取り平文mを出力します。これをm = Dec(s, c)と書きます。「Dec」は復号する（decrypt）という意味です。Encと同様に秘密鍵を省略してm = Dec(c)と書くことがあります。

◎ 共通鍵暗号に求められる安全性

共通鍵暗号に求められる安全性の厳密な定義は難しいのでここでは概略を紹介します。

強秘匿性

古典暗号で紹介した換字式暗号は平文中の1文字を変更すると対応する暗号文の箇所だけしか変わりませんでした。したがって、平文の一部が判明すると同じ暗号文に対応する別の部分の平文も同時に判明しました。

しかし、たとえば後述するAESという共通鍵暗号で「This is a pocket」を暗号化してみます。

文字列をASCIIで符号化して平文とし、秘密鍵を「ca410fd92a7ccc13」として暗号化すると「927ab73513c69781e86589694fabcc12」という16進数列になります。

次に「This is a packet」にして同じ秘密鍵で暗号化すると「527611079cb358 19d61b389c3aae3579」となりました。「o」を「a」に変更しただけで暗号文全体がランダムに全く変わっています。

そうすると暗号文から元の平文の情報を一部でも推測するのが非常に困難になります。このような性質を**強秘匿性**といいます。

選択平文攻撃への耐性

たとえばアリスからボブに日々の注文された品物の情報を共通鍵暗号で送っているとします。攻撃者はその通信を盗聴しています。

そしてアリスに「ノート」「封筒」「鉛筆」などを注文すると、アリスはそれを暗号化してボブに送ります。

攻撃者は盗聴しているので「ノート」とその暗号文、「封筒」とその暗号文な

どのペアを入手できます。そんな状態下で、攻撃者は別の人が注文した品物 m の暗号文 Enc(m) の解読を試みます。

　攻撃者が選んだ平文に対応する暗号文を入手して攻撃するので**選択平文攻撃 CPA**（Chosen Plaintext Attack）といいます。

■ 選択平文攻撃

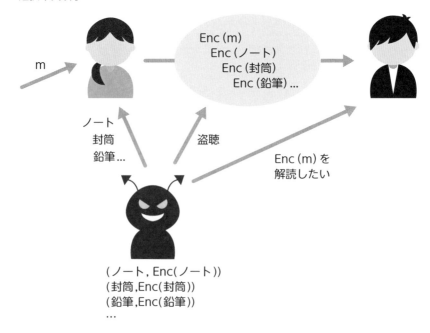

　このような状況はあまりないと思われるかもしれません。しかし、データをある形式に従って送るとき、平文の一部であるヘッダが固定されていたり制御できたりする場面がしばしばあります。また攻撃者が選んだ暗号文に対応する平文を入手して攻撃する**選択暗号文攻撃 CCA**（Chosen Ciphertext Attack）（p.117）を想定することもあります。

　安全な共通鍵暗号は選択平文攻撃や選択暗号文攻撃に対する強秘匿性が求められます。古典暗号はそのような性質を持ちません。

⊙ 共通鍵暗号の種類

　共通鍵暗号は大きく**ブロック暗号**と**ストリーム暗号**に分類されます。ブロック暗号は一定の固まり（ブロック）ごとに平文をかき混ぜて暗号化します。ストリーム暗号はノイズ（乱数）を生成し、それと平文を混ぜ合わせて暗号化します。それぞれの暗号方式の詳細は次節以降で解説します。

■ ブロック暗号とストリーム暗号

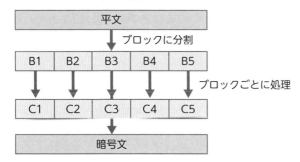

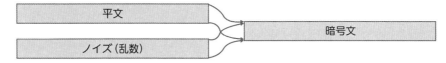

```
📝 まとめ
```

- ▶ 共通鍵暗号は暗号鍵と復号鍵が共通で鍵は他人に秘密にする。
- ▶ 共通鍵暗号は選択平文攻撃や選択暗号文攻撃に対して強秘匿性を持つのが望ましい。
- ▶ 共通鍵暗号にはブロック暗号とストリーム暗号がある。

09　ビットと排他的論理和

情報の最小単位をビットといいました。暗号化アルゴリズムはデータの変換方法を詳細に記します。そこで、まずビットの基本的な変換を理解しましょう。

● 1ビットの基本変換

1ビットはその状態を1（真）か0（偽）で表現しました。

コンピュータは入力されたデータを処理してなんらかのデータを出力します。一番単純な処理は1ビット入力するとそのまま何もしないで1ビット出力する変換です。ここでは「操作」、「変換」、「演算」をほぼ同じ意味で使います。0か1を入力すると、そのまま0か1が出力されます。何もしていないのに変換とは奇妙に思えますが、**恒等変換**とか恒等写像といいます。入力と出力の組を並べた表を**真理値表**といいます。

■ 恒等変換の真理値表

入力：a	出力：a
0	0
1	1

恒等変換は当たり前すぎるのでもう少し変換っぽいものを考えます。0が入力されれば1を、1が入力されれば0を返す変換です。この変換を「1ビットの入力aの**否定**」といい、「$\bar{a}$」とか「¬a」と書きます。

■ 否定の真理値表

入力：a	出力：¬a
0	1
1	0

「「aの否定」の否定」は元に戻ってa、つまり恒等変換になります。

◉ 論理積と論理和

　恒等変換や否定は入力が1種類の1ビットだけでしたが、**論理積**や**論理和**は2個の1ビットを入力し、1ビット出力する演算です。論理積は両方の入力が1（真）のときのみ1、論理和はどちらか一方の入力が1なら1を出力します。aとbの論理積を「aかつb」といい、「a＆b」、「a∧b」や「a・b」などと書きます。論理和は「aまたはb」といい、「a｜b」、「a∨b」や「a＋b」などと書きます。

■ 論理積の真理値表

入力．a	入力：b	出力：a∧b
0	0	0
0	1	0
1	0	0
1	1	1

■ 論理和の真理値表

入力：a	入力：b	出力：a∨b
0	0	0
0	1	1
1	0	1
1	1	1

　論理積は入力を数値とみなしたときの積（掛け算）と同じ操作です。論理和は1＋1＝2が1になっているところ以外は数値の和（足し算）と同じです。数値ではなく0（偽）と1（真）だけによるビットの演算なので「論理」がついています。

◉ 排他的論理和

　暗号では**排他的論理和**と呼ばれる演算が重要な役割を担います。排他的論理和も2個の1ビットを入力し、1ビット出力する演算です。入力aとbに対してaとbの排他的論理和はaとbのどちらか片方のみが1のときが1、それ以外が0を出力します。aとbの排他的論理和を「a∧b」や「a⊕b」と書きます。

■ 排他的論理和の真理値表

入力：a	入力：b	出力：a ⊕ b
0	0	0
0	1	1
1	0	1
1	1	0

　「排他的」とはいかめしい名前ですが、aとbのどちらか一方のみというニュアンスです。そのため排他的論理和は$a = b = 1$のときに、単なる論理和と違って0を出力します。

　たとえば「みかんかバナナを買ってきて」というとき、みかんとバナナのどちらか片方のみ買ってくるのが正解（1）で、何も買ってこなかったか両方買ってきたら不正解（0）というのが排他的論理和です。

　排他的論理和の別の見方を与えましょう。表の上2行を見ると入力aが0のときはbの値をそのまま出力（恒等変換）し、下2行を見るとaが1のときはbの否定が出力されていることが分かります。つまり、$a ⊕ b$は$a = 0$のときはbを恒等変換し、$a = 1$のときはbの否定を出力しています。aの状態に応じて変換を切り換えていると解釈できますね。

　また$0 ⊕ 0$も$1 ⊕ 1$も0なので同じ値aの排他的論理和は常に0（$a ⊕ a = 0$）でもあります。

◉ 交換法則と結合法則

　aとbの論理積、論理和、排他的論理和はいずれもaとbを交換しても同じ

値になります。これを**交換法則**といいます。

- $a \wedge b = b \wedge a$
- $a \vee b = b \vee a$
- $a \oplus b = b \oplus a$

同様に3個の1ビットaとbとcがあったときにaとbを先に計算してからcと計算するのと、bとcを先に計算してからaと計算するのも同じ値になります。これを**結合法則**といいます。結合法則が成り立つとどの順序で計算してもよいので括弧は省略しても問題ありません。

- $(a \wedge b) \wedge c = a \wedge (b \wedge c) = a \wedge b \wedge c$
- $(a \vee b) \vee c = a \vee (b \vee c) = a \vee b \vee c$
- $(a \oplus b) \oplus c = a \oplus (b \oplus c) = a \oplus b \oplus c$

数値同士の足し算や掛け算も順序を交換しても同じなので交換法則が成り立ちます。

- $3 + 5 = 5 + 3$
- $3 \times 5 = 5 \times 3$

結合法則も成り立っていますね。

- $(1 + 2) + 3 = 1 + (2 + 3) = 1 + 2 + 3 = 6$
- $(2 \times 3) \times 4 = 2 \times (3 \times 4) = 2 \times 3 \times 4 = 24$

演算の様子を図で表示してみます。集合AとBがあったとき、論理積AかつBであるのはAとBの共通部分、論理和AまたはBであるのはAとBの両方を含む部分です。AとBの排他的論理和は「AまたはB」から「AかつB」を取り除いた部分となります。図では2個の丸に対して演算結果に該当する部分を濃い色で表現しています。

■ 2個の集合の論理演算

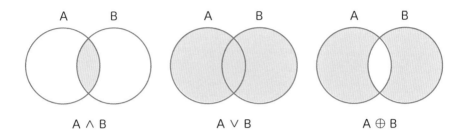

集合A、B、Cに対する論理積、論理和、排他的論理和の図は次のようになります。

■ 3個の集合の論理演算

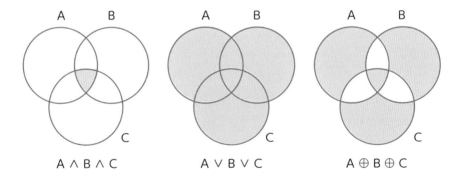

論理演算の結果がAとBとCについて対称な形になっているのは結合法則が成り立っている（どれか2個を交換しても結果が同じ）ことを示しています。

◉ 排他的論理和の重要な性質

交換法則と結合法則は論理積や論理和でも成り立ちましたが、排他的論理和には、ある特別な性質があります。

　ある値aに別の値bを2回排他的論理和をするとどうなるでしょう。つまり(a ⊕ b) ⊕ bがどのような値になるかを考えます。結合法則により、括弧の順序を変更できます。

$$(a ⊕ b) ⊕ b = a ⊕ (b ⊕ b)$$

　b ⊕ bは同じ値同士の排他的論理和なので0です。そして0との排他的論理和は恒等変換ですから、結局

$$(a ⊕ b) ⊕ b = a ⊕ (b ⊕ b) = a ⊕ 0 = a$$

と元の値aに戻ります。この性質が暗号にとって非常に重要なのです。aを平文、bを鍵とするとa ⊕ bが暗号文、(a ⊕ b) ⊕ b = aが暗号文を復号して元の平文aを取り出す操作に当たります。ワンタイムパッドの節で詳しく紹介します。

まとめ

▷ ビット演算の入力と出力を表にしたものを真理値表という。

▷ ビット演算には論理積、論理和、排他的論理和などがある。

▷ 同じ値で排他的論理和を2回すると元に戻る。

10 乱数

乱数とはでたらめな数のことです。しかし「でたらめ」を厳密に扱おうとするとなかなか難しいです。また暗号に使われる乱数は単にでたらめというだけではいけません。暗号に必要な乱数の性質を紹介します。

● 真の乱数

次にどんな値になるか予測できない数字の列のことを乱数列といい、乱数列のそれぞれの値を**乱数**といいます。たとえばコインを振って表（1）か裏（0）のどちらが出たかを記録します。0と1が並んだ乱数列が得られます。

ここで「予測できない」という意味を少し詳しく説明します。実際には存在しませんが理想のコインがあった場合、0と1の出る確率はそれぞれ厳密に1/2です。

ここに予言者がいて「次は0が出る」と予言し、たまたま0が出てその予言が当たったとしましょう。この場合「予測できた」といえるでしょうか。

■「予測できた」とは

そんなことはありません。実は予言者は偽物で、でたらめにある値を言っていたとしても、それが当たる確率は1/2あります。そのため第三者にとって、予言者が本当に予言して当てたのか、まぐれあたりなのか区別できません。予言を何度も繰り返し、当てられた確率が十分1に近くなれば「予測できた」と判断できます。

実は、予言者はコインの過去の履歴を入手し、コインの振り方も考慮して次の表裏を確率を予想していました。それでも、どんなに頑張っても次に出る値を当てられる確率が1/2しかないとき、その数字の列を「予測できない」といいます。

■ 乱数と周期性のある数列

乱数

?が0と1のどちらか
予想できない

?

1001100100001110000000001000010 01?

周期性のある数列

?が0と1のどちらか
予想できる

多分 ?=1

1001100110011001100110011001 1001?

現実のコインには微妙な偏りがあります。1が出やすいかもしれません。そんなコインだと1を多めにいう予言者は1/2より大きい確率で当てられるので、そのコインを振って出る数字の列は乱数ではありません。

身の回りに理想のコインは存在しないので、乱数を得るには人間やコンピュータが代わりに0と1を予測できないように作る必要があります。確率が偏らないようにと0と1を交互に出力すると、確率は1/2になりますが、容易に予測できてしまうので乱数ではありません。

人間が0と1をランダムに出すと、偏りが出ないように、同じ値を連続して出さないようにしがちです。そうすると逆に「同じ値は出にくい」と予測されてしまうでしょう。1000回実際に振ったコインの値を記録しておき、それを繰り返し出力することにしたら、予言者は値に周期性があることを見破り、途中から容易に予測できてしまうでしょう。

このように乱数を作るのはとても難しいです。

理想のコインを振って得られる乱数列は、過去の出力結果を全て記録して解析したとしても、次に出る目の確率は均等に1/2となり予測できません。この

性質を**予測不可能性**といいます。更に、一度得られた乱数列を作り直すことは、その乱数列を覚えておかない限り無理なので、**再現不可能性**があるといいます。再現不可能なら予測も不可能なので再現不可能性を持つ乱数（列）を特に真の乱数（列）といいます。

■ 真の乱数でない例

数値の列	乱数でない理由
0000100100001000000100000001000000001000...	0と1の確率が均等でない
010101010101010101...	0と1が交互に出ている
1010110101011010001110101101010110100011...	20回ごとに繰り返している

　なお、100個や1000個の数字の列が乱数かどうかというのはあまり意味がなく、必要なだけたくさんの数値を出力できるものについて、その値が予測できるか否かを判断することに注意してください。

◉ コンピュータで扱う乱数

　通常のソフトウェアで再現不可能な乱数列を生成するのは難しいです。コンピュータは与えられたアルゴリズムに従って厳密にいつも同じ結果を返すからです。したがって、乱数を生成するために、常時変動する値、たとえばある瞬間のメモリ、ディスク、キーボードなどの状態を集めます。そしてそれらの情報から乱数を抽出します。

　情報の乱雑さを表す指標を**エントロピー**といい、あるエントロピーを持つ情報から取り出せる乱数のサイズは決まっています。コンピュータの電源を入れた直後のエントロピーは小さく、またエントロピーの増大はそれほど速くはないため、大量に乱数を生成しようとすると乱数生成が遅くなったり、止まったりします。

　そのため乱数列を生成する専用のハードウェアが開発されています。そのハードウェアは内部のノイズや電子といった物理状態をもとに乱数を生成します。IntelやAMDのCPUは専用の乱数生成ハードウェアを内蔵し、ソフトウェアから簡単に扱える機能を提供しています。

ただそういったハードウェアを利用すれば万事解決、とはいかないところに問題の難しさがあります。乱数は暗号で使う秘密鍵に直結するため、もし乱数の情報が漏洩すると暗号も安全でなくなります。乱数生成のハードウェアは中身がブラックボックスなので、その乱数がベンダーに制御されている可能性を否定しきれません。制御されていなくても、ハードウェアのバグで理想的な乱数が生成されていないこともあります。

2019年7月、AMDのCPUで乱数生成命令が固定値を返すことがあるバグが見つかりました[21]。また2020年6月、Intel CPUの乱数生成命令が生成した乱数を別のプロセスから盗み見る攻撃が発見されました[22]。

他人は信用できないと自分で乱数生成器を開発する人もいます。

OSが提供する乱数生成機能、たとえばLinuxの /dev/random は、CPUのハードウェアだけでなく様々な情報を組み合わせて、仮にどれか一つに問題があったとしても最終出力には影響が出ないように設計されています。また多くの人に検証されているので安全性は高いと思われます。

● 擬似乱数

シード（種）と呼ばれる初期状態から、あるアルゴリズムによって一見真の乱数に見える乱数列を出力する方法があります。そのアルゴリズム・装置を**擬似乱数生成器**、生成された列を**擬似乱数**（列）といいます。疑似乱数とも書きます。ここでは岩波『数学辞典第4版』に合わせて擬似乱数と表記します。擬似乱数生成器は同じシードに対してはいつも同じ擬似乱数を生成するので再現不可能性は持っていません。しかし、シードさえ見破られなければ生成された列は真の乱数列と同じように扱えます。もちろん、時刻などの単純な値をシードに使ってはいけません。

擬似乱数はエントロピーの増大を待つ必要がないため高速に生成できます。したがって、まず真の乱数を生成し、それをシードとして擬似乱数生成器を用いると効率よく擬似乱数を生成できます。たとえばLinuxの /dev/urandom はストリーム暗号（sec.12）を用いた擬似乱数生成器です。手元の環境で試したところ /dev/random で数キロバイトの乱数を取得するのに何秒もかかりましたが、/dev/urandom で100メガバイトの取得に1秒もかかりませんでした。

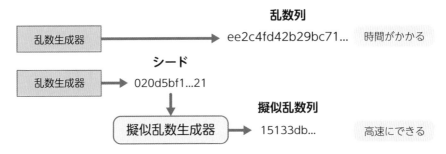

ある乱数生成器が真の乱数と区別できないぐらい十分な予測不可能性を備えているかを検証する手法やツールがあります。ダイハード（Diehard）テストやNISTのSP800-22 Rev.1aが有名です [23]。自分で新しい擬似乱数生成器を作るときは、まずこれらのテストに合格するのを目指します。ただし、それらのテストに合格したからといって、暗号で使える乱数生成器であるとはいえないので注意が必要です。シミュレーションなどに使われるメルセンヌ・ツイスタMT（Mersenne Twister）やXorShiftなどは良質な乱数を生成しますが、出力をそのまま暗号用途に利用してはいけません。

暗号で使う秘密鍵は誰にも推測できないものであるべきです。また認証（sec.03）で紹介したワンタイムパスワード生成器やスマートフォンで使う認証コードも他人が推測できてはいけません。したがって、安全性の高い乱数生成器を用いて作るのがよいです。

● 擬似ランダム関数

擬似ランダム関数 PRF（PseudoRandom Function）とはシード s を与えたときに、任意の値に対して擬似乱数を生成する関数です。たとえばPRF(s, 1), PRF(s, 2), ... は全て独立な乱数に見えます。擬似乱数生成器があれば、それを使って擬似ランダム関数を構成できることが知られています。実用的には、HMAC（p.162）を繰り返し適用して実装する方法があります。TLSや無線LAN、SSHなど様々な場面で多数の鍵を生成するときに利用されます。

■ 擬似ランダム関数

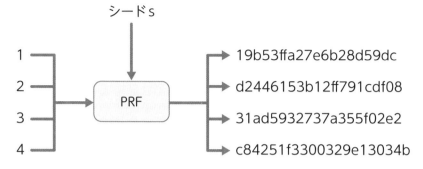

✏ まとめ

- ▸ 真の乱数は再現不可能な性質を持つ。

- ▸ 擬似乱数生成器は入力値（シード）が同じならいつも同じ数列を出力するが、シードが分からなければ予測不可能な性質を持つ。

- ▸ 暗号で使う秘密鍵やトークンは暗号用途に設計された安全な乱数生成器を用いて作る。

11 ワンタイムパッド

共通鍵暗号の一つであるワンタイムパッドは情報が絶対漏れないという意味で最も安全な暗号です。ただし使い勝手はよくありません。その意味と理由を解説します。

● 排他的論理和とワンタイムパッド

ワンタイムパッド OTP (One-Time Pad) とは n ビットの平文 m を暗号化するために n ビットの秘密鍵 s を使う暗号方式です。秘密鍵は一度しか使ってはいけないので「ワンタイム」です。

やり方は平文 m と秘密鍵 s の各ビットごとに排他的論理和 ⊕ をとって暗号文を作ります。平文 m を秘密鍵 s で暗号化することを Enc(s, m) と書くので

$$Enc(s, m) = m \oplus s$$

たとえば平文 m が 3 ビットの 100 で秘密鍵 s が同じ 3 ビットの 101 とします。最初の 1 と 1 の排他論理和が 0、次の 0 と 0 の排他論理和が 0、最後の 0 と 1 の排他論理和が 1 なので Enc(m, s) = 001 が暗号文 c となります。

・$1 \oplus 1 = 0$
・$0 \oplus 0 = 0$
・$0 \oplus 1 = 1$

復号は暗号文 c と秘密鍵 s の各ビットの排他的論理和をとって平文に戻します。暗号文 c を秘密鍵 s で復号することを Dec(s, c) と書くので

$$Dec(s, c) = c \oplus s$$

先程の暗号文c = 001を秘密鍵sで復号します。

・$0 \oplus 1 = 1$
・$0 \oplus 0 = 0$
・$1 \oplus 1 = 0$

Dec(s, c) = 100となり元の平文mに戻りました。

これは一般的に成り立つ性質です。なぜなら平文mを秘密鍵sで暗号化して暗号文cを作り、その暗号文cを同じ秘密鍵sで復号します。式で表すとc = Enc(s, m) = m $\oplus$ sに対してDec(s, c)を考えるので

$$Dec(s, c) = c \oplus s = (m \oplus s) \oplus s$$

となりますがp.065で示したようにこれはmに等しいのでした。

◉ 情報理論的安全性

ワンタイムパッドは秘密鍵に真の乱数を使うと絶対に破れない暗号として知られています。その理由は次の通りです。

たとえば3ビットの平文mのワンタイムパッドによる暗号文を盗聴したらc = 011だったとしましょう。元の平文mはどういう可能性があるでしょうか。秘密鍵sの可能性は000, 001, 010, 011, 100, 101, 110, 111の8通りです。それぞれに対応する平文は

011, 010, 001, 000, 111, 110, 101, 100

の8通りです。これは平文が3ビットであるという情報と同じで、暗号文を盗聴しなくても分かっていることです。また秘密鍵を乱数列から選ぶと8通りの可能性のどれが選ばれるかは全て等しく1/8の確率です。

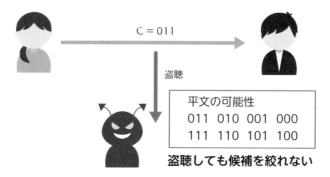

C = 011

盗聴

平文の可能性
011 010 001 000
111 110 101 100

盗聴しても候補を絞れない

　したがって、8通りの平文の可能性もどれも等しく1/8です。今c = 011のときで確認しましたが、暗号文がどの形であっても状況は同じです。

　暗号文を入手しても、平文に関する情報は暗号文を入手する前と同じでした。つまりワンタイムパッドを破る上で暗号文の情報の価値が無いのです。そのためワンタイムパッドは**情報理論的安全性**があるといいます。情報理論的安全とはどんなスーパーコンピュータや将来登場するかもしれない量子コンピュータをもってしても破れないという意味です。もし、秘密鍵が真の乱数でないとこの安全性はありません。たとえば秘密鍵の最初のビットが0になりやすい傾向があると、暗号文の最初のビットは平文の最初のビットに一致しやすくなります。つまり暗号文から平文の情報が漏れてしまいます。なお、でたらめにnビットの平文を言って、それがたまたま正解である確率は0ではない ($1/2^n$) ことに注意してください。

● ワンタイムパッドの欠点

　ワンタイムパッドはとても安全ではありますが、秘密鍵は一度しか使ってはいけません。共通鍵暗号に求められる性質の節 (sec.08) を思い出してみましょう。平文mと対応する暗号文cが得られたとします。秘密鍵sに対して

$$c = m \oplus s$$

はストリーム暗号は情報理論的安全性を持っていません。ワンタイムパッドよりは弱い暗号です。その理由は次の通りです。

　たとえばシードが8ビットでそれから擬似乱数生成器を用いて10ビットの乱数を生成したとしましょう。シードが8ビットということは入力の種類は最大2^8=256通りです。擬似乱数生成器は同じ入力にはいつも同じ出力をする決定的アルゴリズム (p.090) なので出力の種類が入力の種類を超えることはありません。したがって、出力される乱数の種類は最大256通りです。ところが10ビットの乱数は最大2^{10}=1024通りあるので絶対に現れない値が1024 − 256 = 768個あります。真の乱数なら1024個の出力確率がどれも等しく1/1024でなければなりませんが現れない値の確率は0です。つまり少ないビット（シード）しか入力せずにそれより長い完全にランダムな乱数を作るのは不可能なのです。

■ 擬似乱数生成器は生成できない値が存在する

入力より出力の種類が多いと
絶対に出力されない値がある

　それではストリーム暗号はどのぐらい安全なのでしょうか。理論的には擬似乱数が真の乱数と同じように振る舞い、その違いを見破るには大きなコストがかかるなら安全と定義します。秘密鍵を一つずつ試して存在しない値を見つけるブルートフォース攻撃しか方法がないのが理想です。鍵長がnビットならその種類は2^n通りなのでブルートフォース攻撃に必要なステップ数は$O(2^n)$です。このときnビットセキュリティの安全性があるというのでした。n = 128だと現在考えられる一番性能のよいスーパーコンピュータでも現実的な時間内では破れないと考えられています。

このような安全性の考え方を**計算量的安全性**といいます。それを利用したストリーム暗号は計算量的安全となります。

ストリーム暗号に限らず、これから紹介する全ての暗号技術は特別に言及しない限り計算量的安全性を持ちます。

⚫ ストリーム暗号の歴史

従来ストリーム暗号として**リベスト**（R. Rivest）が1987年に設計した**RC4**が有名でした。RC4は昔の無線LANのWEPやSSL/TLSなどの暗号通信で広く使われていました。しかし2000年頃から真の乱数と区別できる攻撃が見つかり始め、徐々に安全性に疑問符が付き始めます。そして2013年頃には暗号文をたくさん集めて平文を解読する**平文解読攻撃**が提案されました。そのため2015年にTLSにおける使用が禁止されました [24]。

2008年**バーンスタイン**（D.J.Bernstein）は**ChaCha20**と呼ばれるストリーム暗号を開発しました。次節で紹介するブロック暗号AESは広く使われていて歴史もあります。そのためIntel系CPUやARMの一部のCPUでAES専用のハードウェア支援機構があり、高速に処理できます。しかしそういった支援機構がないモバイル環境や組み込み環境などではChaCha20の方がAESよりも高速です。Googleは2014年頃からChromeなどでChaCha20を採用しています。

⚫ ナンス

擬似乱数生成器はシードが同じなら同じ乱数列を出力するので、そのままではワンタイムパッドと同様に秘密鍵を一度しか使えません。それは不便なので秘密鍵と一緒に**ナンス**（nonce）と呼ばれる値を擬似ランダム関数に入力します。

生成された擬似乱数と平文を排他的論理和して暗号文を作ります。そしてナンスとその暗号文をセットで相手に送ります。ナンスが異なれば同じ平文を暗号化しても異なる暗号文になります。ナンスは秘密にする必要はありませんが、同じ秘密鍵に対して同じナンスを2回使ってはいけません。**ノンス**と表記することもありますが、ここではCRYPTRECに従ってナンスとします。

■ナンスを変えると同じシードを繰り返し利用できる

シードのみだと一度しか使えない

ナンスを変えると同じシードを繰り返し利用できる

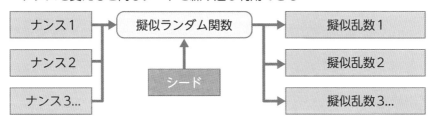

◉ ChaCha20

ChaCha20は、256ビットの秘密鍵と96ビットのナンスを元に512ビットずつの擬似乱数を生成します。生成した乱数と平文の排他的論理和をとって暗号文にするストリーム暗号です [25]。

ChaCha20の擬似ランダム関数PRFは次のようにして乱数を生成します。まず256ビットの秘密鍵k, 96ビットのナンスn, 32ビットのカウンタbと128ビットの初期定数cとを合わせると512ビットです。このデータを16個の32ビットの整数に分割し、それを4×4の正方形に並べます。これを内部状態の初期値と呼ぶことにします。この内部状態に対して**1/4ラウンド関数**QR（QuarterRound）と呼ばれるかき回す処理を繰り返し行い、最後に元の初期値に加算して512ビットの乱数とします。

1/4ラウンド関数QRは32ビット整数の加算、排他的論理和、ビット左回転の組み合わせからなる関数です。ここで1ビット左回転とは、ビットの集まりの一番左のビットを一番右側に移動して全体を1ビット左に移動する操作です。1ビット左回転をn回繰り返したものをnビット左回転といいます。ここではxをnビット左回転したものをrotLeft(x, n)と書くことにします。たとえば8ビットの2進数値x=00110101（16進数で35）を3ビット左回転すると先頭3ビット001が後ろに移動して10101001（16進数でa9）になります。

■ ChaCha20の概要

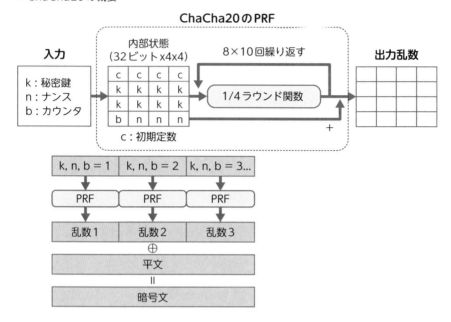

■ 3ビット左回転

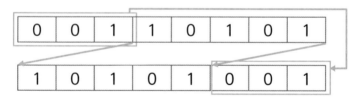

■ 1/4ラウンド関数QR(a, b, c, d)

入力 :(a, b, c, d)
a ← a + b; d ← d ⊕ a; d ← rotLeft(d, 16);
c ← c + d; b ← b ⊕ c; b ← rotLeft(b, 12);
a ← a + b; d ← d ⊕ a; d ← rotLeft(d, 8);
c ← c + d; b ← b ⊕ c; b ← rotLeft(b, 7);
出力 :(a, b, c, d)

1/4ラウンド関数QRは4個の32ビット整数a, b, c, dに対して前のページの操作をします。ここで「X ← Y」は「Xを値Yにする」という意味で使います。内部状態$x_0, ..., x_{15}$の4個ずつに対して1/4ラウンド関数を8回適用します。1回で16個のうち4個を処理するので「1/4ラウンド」と呼ばれます。

この操作を10回繰り返します。全ての処理がビット回転、排他的論理和、32ビット整数の加算といった単純な処理のみで構成されているため高速です。

■ 内部状態への1/4ラウンド関数の適用

1. $QR(x_0, x_4, x_8, x_{12})$；一番左の縦ライン
2. $QR(x_1, x_5, x_9, x_{13})$；2番目の縦ライン
3. $QR(x_2, x_6, x_{10}, x_{14})$；3番目の縦ライン
4. $QR(x_3, x_7, x_{11}, x_{15})$；4番目縦ライン
5. $QR(x_0, x_5, x_{10}, x_{15})$；左上から右下の斜めライン
6. $QR(x_1, x_6, x_{11}, x_{12})$；その右隣の斜めライン
7. $QR(x_2, x_7, x_8, x_{13})$；その右隣の斜めライン
8. $QR(x_3, x_4, x_9, x_{14})$；その右隣の斜めライン

内部状態

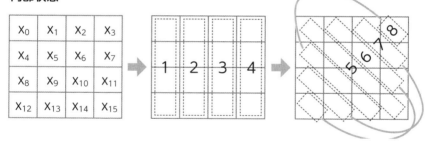

✏️ **まとめ**

▷ ワンタイムパッドにおいて真の乱数の代わりに擬似乱数を用いたものがストリーム暗号である。

▷ ストリーム暗号は計算量的安全である。

▷ ChaCha20と呼ばれるストリーム暗号がよく使われる。

13 ブロック暗号

ブロック暗号は、現在最もよく使われている共通鍵暗号です。その中でも一番よく使われているAESの解説をします。

● ブロック暗号

　ブロック暗号は、平文をある決まったサイズに分割し、その分割した固まり（これをブロックという）ごとに暗号化する暗号方式です。平文をブロックに分割したとき端数があれば、**パディング**と呼ばれる方法で一つのブロックを作って処理します。一つのブロックを秘密鍵で暗号化するといつも同じ暗号文になるアルゴリズムです。全てのブロックに対してどのように暗号化するかについてはいくつかのやり方があり、**暗号化モード**と呼ばれます。暗号化モードの詳細はsec.15で解説します。

■ ブロック暗号の概要

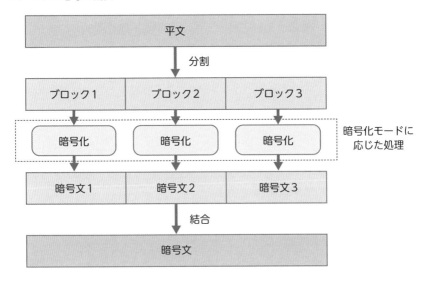

ブロック暗号の歴史

古くは1970年代に開発された **DES**(Data Encryption Standard)と呼ばれるブロック暗号がよく使われていました。DESのブロックのサイズは64ビットで、鍵長は56ビットと短いのが欠点です。

1993年に松井充氏が線形解読法という攻撃法を提案し、DESに対する攻撃可能性を示しました[26]。その後コンピュータの性能向上もあり、DESは1998年には56時間で、1999年には1日足らずで攻撃可能と報告されました。

そのため1997年にNISTはDESに変わる標準的に使える暗号 **AES**(Advanced Encryption Standard)を公募します。1998年にアメリカの金融機関はAESが決まるまでの橋渡しとして、DESを3回重ねることで安全性を強化した **3DES** を利用することを決めました[27][28]。

そして2001年 **ライメン**(V. Rijmen)と **ダーメン**(J. Daemen)により考案された暗号方式のラインダール(Rijndael)がAESとして選出されました。今ではこのAESが広く使われています[29]。

AESの概要

AESのブロックは128ビットで鍵長は128, 192, 256ビットを選べます。

AESの暗号化は、秘密鍵に応じた初期設定の後、**ラウンド関数** と呼ばれる処理を一定回数繰り返します。最後に最終ラウンド関数と呼ばれる処理をして暗号化が完了します。ラウンド関数は鍵長に応じて9, 11, 13回(最終ラウンド関数を含めるとそれぞれ10, 12, 14回)行います。そのため鍵長が大きいほど処理に時間がかかります。

鍵長128ビットのAESが理想的なブロック暗号なら攻撃方法は全数探索の$O(2^{128})$の計算コストがかかるはずです。しかし2011年にアンドレイ(Andrey)たちが$O(2^{126.1})$のコストで済むBiclique攻撃を提案します。本来必要なコストに対して高々4分の1にしかならないので、AESの実用的な安全性には全く影響を与えないのですが、それでも2020年の時点で最も効率のよい攻撃方法です。逆に言えば、それぐらいAESは安全といえるでしょう。

■ AES の暗号化の概要

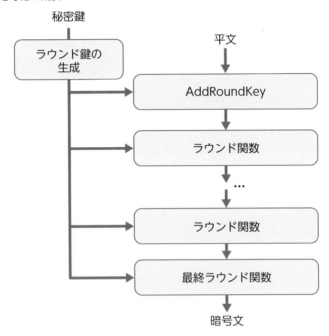

⬤ AESの初期設定

　AESの暗号化についてもう少し詳しく見てみましょう。初期設定ではラウンド数に応じてラウンド鍵を作ります。次に128ビットある1ブロックを8ビットずつの16個のデータ x_0 から x_{15} に分割します。そしてそのデータを4×4のマス目のある正方形に入れます。

■ ブロックと AddRoundKey

ブロック			
x_0	x_4	x_8	x_{12}
x_1	x_5	x_9	x_{13}
x_2	x_6	x_{10}	x_{14}
x_3	x_7	x_{11}	x_{15}

$\oplus$

ラウンド鍵			

= 新しいブロック

先程作ったラウンド鍵とマス目のデータの排他的論理和をとります。この処理を AddRoundKey と呼びます。

◯ ラウンド関数

ラウンド関数は**SubBytes**, **ShiftRows**, **MixColumns** と上記 AddRoundKey を順に処理します。

SubBytes

SubBytes は各8ビットのデータ x_0 から x_{15} に対して、**S-Box** という換字表による換字式暗号を行います。

SubBytes の Sub や S-Box の S は substitution（置換）の先頭の文字にちなんでいます。S-Box の換字表の値は8ビットのデータを拡大体 $\mathbb{F}_{2^8}$ の要素とみなして逆数を求める操作から作られています。拡大体の詳細は sec.19 をごらんください。

ただし、換字表が与えられれば SubBytes の処理自体は単なるテーブル引きです。

■ SubBytes

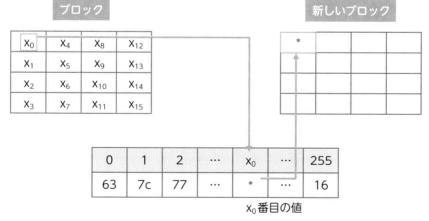

S-Box（256個からなる換字表）

ShiftRows

横の列ごとにデータを左にずらします。

■ ShiftRows

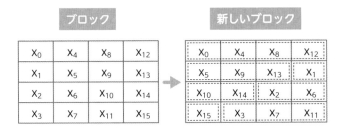

MixColumns

縦の列ごとにある決められた行列Aを掛ける演算をします。たとえば

$$x'_0 = (A_{00} \otimes x_0) \oplus (A_{01} \otimes x_1) \oplus (A_{02} \otimes x_2) \oplus (A_{03} \otimes x_3)$$

という計算です。ここでA_{00}やA_{01}などは行列Aの成分、$\oplus$はビットごとの排他的論理和です。$\otimes$は各8ビットの要素を拡大体$\mathbb{F}_{2^8}$の要素とみなしたときの積を表します。拡大体の詳細はsec.19をごらんください。

■ MixColumns

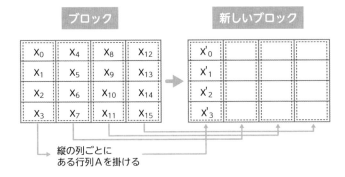

復号時のラウンド関数はこのラウンド処理の手続きの逆順で対応する逆の操

作を行います。そのため暗号化と復号は、それぞれに異なる関数を用意しなければなりません。

最終ラウンド関数

　最終ラウンド関数ではラウンド関数のうちMixColumnsを除いたSubByte, ShiftRows, AddRoundKeyの処理をします。

● AES-NI

　AES-NI（New Instructions）とはIntelやAMDのCPUに搭載されているAESを高速処理するための専用命令です。秘密鍵からラウンド鍵を生成する、暗号化と復号用のラウンド関数と最終ラウンド関数などの命令があります。ラウンド関数用命令は鍵長に応じて必要な回数を実行します。詳細は[30]などを参照ください。スマートフォンなどに搭載されているARMアーキテクチャでも同様の専用命令を搭載していることがあります。

■ AES-NI

命令	用途
aeskeygenassist	暗号化用ラウンド鍵生成の補助
aesimc	復号用MixColumnsの逆操作補助
aesenc	暗号化用ラウンド関数1回分
aesenclast	暗号化用最終ラウンド関数
aesdec	復号用ラウンド関数1回分
aesdeclast	復号用最終ラウンド関数

まとめ

▶ ブロック暗号は平文を固定長のブロックに分割し、ブロック単位で処理を行う。

▶ AESは最もよく利用されているブロック暗号である。

14 確率的アルゴリズム

確率的アルゴリズムは安全な暗号文を作るために必要です。それがどういったもので、なぜ必要なのかを理解しましょう。

◎ いつでも同じ暗号文は危険

　秘密鍵を安全に共有するコストは高いので、通常、秘密鍵は一度決めるとしばらく使い続けます。たとえばアリスがいろいろな人にアンケートをしていて、ボブが「はい」か「いいえ」で答える場面を考えます。ボブは「はい」や「いいえ」の答えをAESで暗号化して送信します。

■ いつも同じ暗号文は推測される。

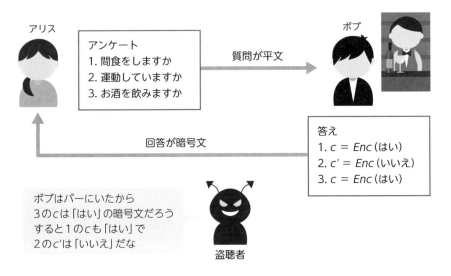

　盗聴者はやりとりに使われた暗号文を全て盗聴して収集しています。1番目と3番目の暗号文が同じ「c」で、2番目は異なる暗号文「c'」でした。たとえば

「お酒を飲みますか」という質問があり、盗聴者がその答えが「はい」と予想できたとします。すると「c」が「はい」を暗号化したものであり、それと同じ暗号文は全て「はい」、異なる暗号文「c'」は「いいえ」と推測できます。これでは安全とはいえません。

　暗号を繰り返し使っても安全であるためには、同じ平文「はい」を暗号化しても、毎回異なる暗号文にならないといけないのです。

　もちろん、異なる暗号文になっても復号したら同じ平文に戻る必要があります。このようにすると、ある暗号文の情報が他の暗号文の解読のヒントにはなりません。

■ いつも異なる暗号文は推測できない。

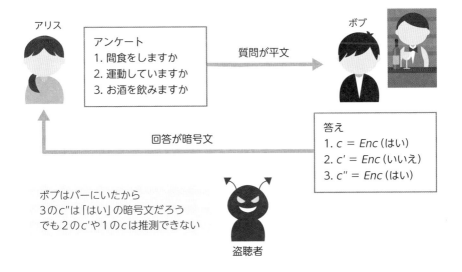

　図において暗号文が全て異なると、どれか一つの暗号文に対応する平文の情報を持っていたとしても、それは他の暗号文の解読の役には立ちません。

　別の例を紹介します。作為的ではありますが32ビットカラーをモノクロ2値化した画像ファイル（無圧縮BMP）のデータ部分をAESを使って16バイトずつ暗号化してみましょう。

　次節で紹介する暗号化モードの一つで**ECBモード**と呼ばれる同じ平文が同じ暗号文になる方法を使います。

■ECBモードとCBCモードでの暗号化の比較

オリジナル	ECBモードでの暗号化	CBCモードでの暗号化
	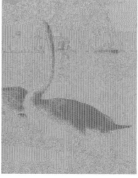	

　左が平文の画像、真ん中がECBモードで暗号化した画像、右の画像は後述します。ECBモードで暗号化した真ん中の画像は細部は不鮮明ですが鳥が写っていることは分かります。16バイトずつ暗号化しているので同じパターンが現れると同じ暗号データになり、元の情報が残ってしまうのです。

　このようにたとえAESであってもECBモードで利用すると安全ではないのです。2020年4月にオンラインビデオ会議システムZoomがECBモードを使っていたため、脆弱性があるとして改修されました[31]。

● 確率的アルゴリズム

　二次関数や三角関数のような同じ入力に対して同じ値を出力するアルゴリズムを**決定的アルゴリズム**といいます。日常目にする関数はほとんど決定的です。

　それに対して入力が同じであっても毎回異なる出力をするアルゴリズムを**確率的アルゴリズム**といいます。乱択アルゴリズムともいいます。

　確率的アルゴリズムは決定的アルゴリズムへの入力の一部が乱数となっているものです。

　たとえば、正方形の中にちょうど接する円を描き、正方形の中にランダムに点を打ち、それが円に入った回数を数えるアルゴリズムを考えます。円の中に入った点の数を数えるのは決定的アルゴリズムですが、点は乱数を使ってランダムに打たれるので全体としては確率的アルゴリズムです。

■ 決定的アルゴリズムと確率的アルゴリズム

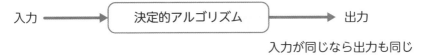

　ゲームで毎回同じところに敵が出たり、同じ手札が出たりするとつまらない
ので、そういったところでは確率的アルゴリズムが使われます。

　暗号化アルゴリズムが決定的アルゴリズムだと安全ではないので確率的アル
ゴリズムを使わなくてはいけません。そのような方法を次節で紹介します。先
程の鳥の写真の暗号化の右の絵は**CBCモード**を使って暗号化したものです。
ECBモードでは何となく鳥の形が分かりましたが、CBCモードでは元の形は
何も残らず、ノイズにしか見えません。同じAESを使っても暗号化モードによっ
て安全性が異なることが分かります。

まとめ

▷ **決定的アルゴリズムの入力の一部が乱数なものを確率的アルゴ
リズムという。**

▷ **暗号化アルゴリズムは確率的アルゴリズムでないと安全でな
い。**

▷ **ブロック暗号の暗号化モードの一つECBモードは確率的アルゴ
リズムでないので使ってはいけない。**

15 暗号化モード

前節で紹介したようにブロック暗号をそのまま使うと同じ平文はいつも同じ暗号文になり、安全ではありませんでした。それを解消するために暗号化モードが使われます。暗号化モードはブロック暗号を使って安全な暗号文を作り出す方法です。

● ECB (Electronic CodeBook) モード

ECBモードは平文をブロックに分割し、それぞれを暗号化して暗号文を作る方式です。CodeBookとは換字表などの平文と暗号文の対応を記した本を意味し、Electronic CodeBookはその電子版です。前節で解説したように安全でないのでECBモードは使ってはいけません。ここでは他のモードと比較するために紹介しています。図におけるEncはブロック暗号の一つのブロックの暗号化処理を表します。平文を入力すると暗号文が出力されます。図は見やすくするためにEncへの秘密鍵の入力を省略しています。

■ ECBモード

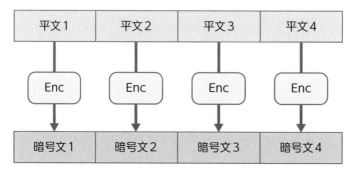

● CBC (Cipher Block Chaining) モード

CBCモードは平文ブロックをそのまま暗号化するのではなく、一つ前の暗号文ブロックと排他的論理和⊕をとってから暗号化します。先頭の平文ブロッ

クには一つ前の暗号文が無いので代わりに**初期化ベクトル**IV（Initialization Vector）を用います。IVは暗号化の際に与えるブロックと同じサイズの値です。暗号文と一緒に渡すので公開しますが、予測できないランダムな値を選びます。暗号文が次の暗号文に影響を与える形でつながっているのでchaining（鎖）という名前です。

　仮に平文1と平文2が同じ内容だったとしても異なる値と排他的論理和してから暗号化するため、暗号文1と暗号文2は異なる値になります。

■ CBCモード

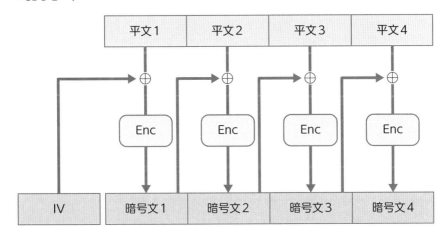

● CTR（CounTeR）モード

　CTRモードはブロック暗号を使って擬似乱数を生成し、ストリーム暗号として利用するモードです。たとえばブロックを半分に分けて片方をナンス、もう片方を0から始まるカウンタとします。ナンスはストリーム暗号の節で紹介したように、同じ平文でも異なる暗号文にするために使われる数値で、秘密にする必要はありませんが同じ値を使わないようにします。

　カウンタは1ブロックごとに値を一つずつ増やします。そのため「counterモード」という名前です。その各ブロックを秘密鍵で暗号化し、出力された暗号文を擬似乱数とみなして、平文を排他的論理和をとって暗号文を作ります。ナンスは暗号文と一緒に相手に渡します。

■ CTRモード

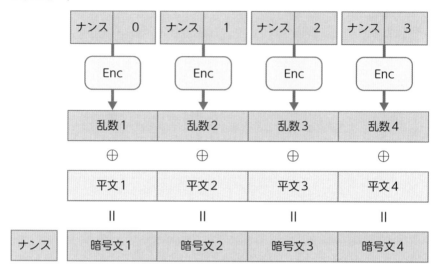

● CBCモードとCTRモードの比較

CBCモードはあるブロックの暗号化には前のブロックの暗号文が必要です。したがって、先頭から順番にブロックを処理して暗号文を作らないといけません。大きな平文があったときに、それを分割して複数CPUを使って暗号化を並列処理することはできません。

それに対してCTRモードは各暗号文が独立なので複数CPUを使って並列処理できます。カウンタの番号に対応するブロックだけ暗号化したり復号したりできます。またストリーム暗号なので平文がブロックサイズの倍数でなくても処理できます。

● CBCモードに対する攻撃

CBCモードは7章で詳しく解説するSSLやTLSで広く使われていたのですが、2011年に初期化ベクトルの決定方法の問題をついた**BEAST攻撃**が発表されました。BEAST攻撃は複数の条件下で成立する限定的なものだったのですが、その後、CRIME、Lucky13など様々な攻撃手法が提案されます。そして、2014

年にCBCモードのパディング処理に関する脆弱性をついた攻撃**パディングオ
ラクル攻撃 POODLE**（Padding Oracle On Downgraded Legacy Encryption）が
提案されます[32]。POODLEの回避策はSSLを無効にするしか方法がなかった
ため、SSL3.0は廃止されました[33]。

　POODLEの名前に含まれるオラクル（Oracle）とは神様の言葉、神託という
意味です。攻撃者はパディング方法を少しずつ変えた不正な暗号文をたくさん
作ってサーバに送ります。そしてサーバが返すエラー情報や、エラー処理にか
かった時間などから平文に関する情報を得ます。本来得られるはずの無かった
情報を教えてくれるという状況をオラクルになぞらえています。

■ パディングオラクル攻撃

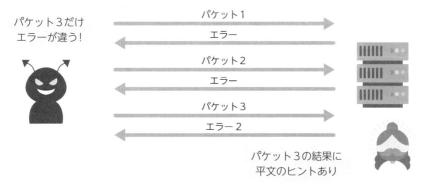

　なお、この攻撃から分かるように暗号プロトコルを開発する際には不用意に
エラー情報を返してはいけません。

✏ まとめ

　▶ **暗号化モードは方式によって安全性や性能が異なる。**

　▶ **CBCモードは以前はよく使われていたが最近は避けられる傾
　　向にある。**

　▶ **サーバは暗号に関するエラー情報を不用意に返さないようにす
　　る。**

16 ディスクの暗号化

パソコンやスマートフォンに内蔵されているHDDやSSDは暗号化されていないと抜き出して容易に中身が見えます。そのため近年のパソコンやスマートフォンは紛失や盗難に備えてディスク全体を暗号化する仕組みを導入しています。

● TPM

TPM（Trusted Platform Module）とはパソコンやスマートフォンに組み込まれているセキュリティ専用チップです。TPMを使うとチップ内で暗号化や復号、署名の生成や検証ができます。OSの起動時にシステムが改竄されていないかの検証もできます。チップの内部は解析されにくいように設計され、無理に取り出して解析しようとすると保存データを消去する**耐タンパー性**を持ちます。TPMの仕様は**TCG**（Trusted Computing Group）が定めていてTPM 2.0はISO/IEC 11889:2015として標準規格になっています [34]。

■ ディスク暗号化

ディスクを抜いて別のマシンに接続

HDDやSSDなどのディスクに保存されているデータを暗号化する場合、ファイル単位で暗号化するとファイルを開くたびにパスワードを入力することになり利便性が劣ります。そこで近年はHDDやSSDを丸ごと暗号化するディスク暗号化がOSの標準機能として提供されています。ディスク暗号化に使う秘密鍵をTPM内部に保存して管理すると、そのマシンに正しくログインしたときしか秘密鍵を取り出せません。そのため他人が暗号化されたディスクを取り出

して他のマシンに接続しても、中身を見られないので安全性が向上します。

　ただマシンが壊れるとディスクは正常であったとしても、そのデータを復旧するのが困難です。万一のときのために、大抵の暗号化ツールは暗号に使った秘密鍵をバックアップする機能があります。それらの情報を用いると、他のマシンに暗号化されたディスクを接続して中身を復号できます。もちろん、秘密鍵は厳重に管理しなければなりません。

● ディスクの構造

　OSがHDDなどからデータを読み書きする場合、ブロックと呼ばれる一定サイズ単位で処理します。ブロックサイズは512, 1024, 4096バイトなどです。一般的にブロックサイズが大きいほど、大きなデータを連続的に書き込む性能が高くなります。ただし小さいデータを保存したときに無駄になる領域が増えます。OSは各ブロックに番号を割り当てて、その番号でデータを管理します。

　ブロック暗号の処理単位のブロックとは異なることに注意してください。ここではデータの読み書き単位のブロックをデータユニット、ブロック暗号のブロックを今までどおりブロックと呼ぶことにします [35]。

● XTS-AESの概要

　2004年に**ロガウェイ**（P. Rogaway）がブロック暗号の暗号化モードXEX（Xor Encrypt Xor）を提案します。XTS（XEX Tweakable block cipher with ciphertext Stealing）はXEXを元にした方式です。

　XTS-AESはブロック暗号AESを使った暗号方法の一つで、Windowsの BitLocker、macOSのFileVault2、Linuxのdm-cryptなどのディスク暗号化ソフトウェアで利用されています。

　XTS-AESは2個の秘密鍵を使います。AES-128なら128ビットの秘密鍵2個で合計256ビット、AES-256なら256ビットの秘密鍵2個で合計512ビットです。

　本来のXTS-AESでは入力データがブロックサイズ（AESでは16バイト）の倍数でないときの処理も定義されています。XTSの名前の由来に含まれる「ciphertext Stealing」がその処理を表します。しかし、ディスク暗号化で使わ

れるデータユニットのサイズは16の倍数です。したがって、ここでは入力データサイズはブロックサイズの倍数と仮定し、端数処理の解説を省略します。

tweakと呼ばれる値Tと秘密鍵K_1とK_2を用いてデータユニットを処理します。ディスク暗号化ではデータユニットの番号をtweakとして利用します。tweakはCBCモードの初期化ベクトルやストリーム暗号のナンスと異なり、同じ値が再利用されても構いません。

● XTS-AESの暗号化

入力データユニットをn個のブロックm_1, m_2, ... に分割します。

tweak Tを片方の秘密鍵K_1で暗号化Encし、i番目の値は$S_i = Enc(K_1, T) \otimes \alpha^i$とします。ここで$Enc(K_1, T)$はAESの128ビットの暗号文なので拡大体$\mathbb{F}_{2^{128}}$の要素とみなし、「$\alpha^i$」はi次多項式$x^i$に対応する$\mathbb{F}_{2^{128}}$の要素を表し、$\otimes$で$\mathbb{F}_{2^{128}}$の積を表します（sec.19）。

こうして作られた擬似乱数列S_iと各ブロックm_iの排他的論理和をとってもう一つの秘密鍵K_2で暗号化Encし、再度S_iと排他的論理和をとります。

$$C_i = Enc(K_2, S_i \oplus m_i) \oplus S_i$$

このようにして得られたC_1, C_2, ... が出力暗号文です。

■ XTS-AESの暗号化

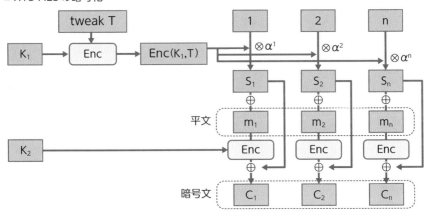

XTS-AESの安全性

tweak Tはデータユニットが同じ場所にあるなら同じ値です。したがって、上記方法で作られる$(S_1, ..., S_n)$は同じ値となり、平文が同じなら暗号文も同じになります。すなわち今まで何度か紹介してきた「同じ平文でも毎回異なる暗号文にならなければならない」というルールに反しています。

その点で従来の安全性の観点から評価しづらいのですが、少なくとも暗号文から元の平文を解読するのは容易ではないと考えられています。

NISTはデータユニットは2^{20}以下のブロックでなければならないと注意しています [35]。しかし通常そんな大きなサイズにすることは無く、多くのツールではチェックしているので問題ありません。2019年のCRYPTRECによる評価によると、XTS-AESはCBCモードによる暗号化と比較して高い安全性と実用上影響のない性能を持つとのことです [36][37]。

自己暗号化ドライブ

SSDやHDDの中にはハードウェアで暗号化・復号する仕組みを持つものがあります。そのような仕組みを**自己暗号化ドライブ**SED（Self Encrypting Drives）と呼ばれます。相互運用可能な信頼できるコンピュータの普及に取り組むTCG（Trusted Computing Group）はOpalというSEDの標準化規格を策定しています。SEDはソフトウェアによるディスク暗号化に比べて、扱いが容易、CPUのリソースを消費しないという利点があります。ただパソコンの電源投入中やスリープ中における秘密鍵を狙った攻撃の可能性が知られています [38]。

まとめ

- コンピュータ紛失時の対策としてディスク暗号化が有効である。
- 様々なOSがTPMとXTS-AESに対応している。
- CRYPTRECでXTSの安全評価が行われている。

17 暗号文の改竄と リプレイ攻撃

暗号化モードのCBCモードやCTRモードを使うと同じ平文でも異なる暗号文となって平文の情報が漏洩しにくくなり、安全性が増すことが分かりました。しかし、現実にはそれだけでは不十分です。それ以外の問題点や対策について紹介します。

● 暗号文の改竄

まずワンタイムパッドを考えてみましょう。平文mが2進数で1010の4ビット、秘密鍵sが0101の4ビットとします。m = 1010とs = 0101の排他的論理和をとるとそれぞれのビットごとに処理して

Enc(s, m) = 1010 ⊕ 0101 = 1111

となり、暗号文c = 1111を送ります。ここで通信盗聴者が暗号文を改竄してこの暗号文cの代わりにc' = 0001を相手に送ったとします。改竄されたことを知らない受信者は秘密鍵s = 0101を用いて、以下のように復号します。

Dec(s, c') = 0001 ⊕ 0101 = 0100

■ 暗号文の改竄

| 10個注文
(2進数で1010) | 暗号文
1111 | 暗号文を改竄
0001 | 4個注文
(2進数で0100) |

元の平文m = 1010は10進数で10でしたが、復号した平文m'=0100は10進数で4を意味します。元と異なる値になってしまいました。平文が郵便番号や

商品の値段や個数だったら意図しない数値に改竄されてしまいます。

特に排他的論理和はビットごとの操作なので特定のビットを反転（0なら1、1なら0）にさせると、対応する平文のビットを自由に変更できます。

たとえば平文が0か1のどちらかと分かっているなら、暗号文の一番下（数値の右側）のビットを反転すると送信者の意図と反対の暗号文になります。今回の例はワンタイムパッドでしたが、ストリーム暗号やブロック暗号のCTRモードは本質的にワンタイムパッドと同じなので同様の改竄が可能です。

またCBCモードによる先頭ブロックb_1の暗号文c_1は、b_1と初期化ベクトルIVとの排他的論理和をとってから暗号化したものでした。

$$c_1 = Enc(b_1 \oplus IV)$$

復号はその手順の逆です。

$$b_1 = Dec(c_1) \oplus IV$$

したがって、暗号文ではなくIVを改竄すると先頭ブロックb_1の特定のビットを自由に反転する攻撃ができます。

安全に暗号通信するためには平文の情報を漏らさないだけでなく、**暗号文の改竄**攻撃も想定しなくてはなりません。これについてはメッセージ認証符号の節（sec.28）や認証付き暗号の節（sec.38）で対策を紹介します。

● リプレイ攻撃

暗号文が平文の情報を漏らさず、更に改竄対策もしていたとするともう大丈夫でしょうか。実はそれでも問題があることがあります。

AさんがサイトBにログインするときに認証情報を暗号化して送信しているとします。

このとき、攻撃者がその暗号文をまるごと盗聴し、中身は分からないのですがBに送るとどうなるでしょう。サイトBは攻撃者をAと勘違いしてログインを許可してしまうかもしれません。暗号文が注文の指示を示すものだったら、

それを勝手に繰り返し相手に送信すると複数回注文の指示を出してしまうことになります。

■ リプレイ攻撃

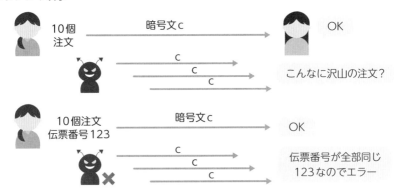

このようにやりとりの情報を盗聴してそのまま再送する攻撃をリプレイ（再送）攻撃といいます。**リプレイ攻撃**を防ぐには、データに通し番号や時刻などの区別できる識別子を付与し、同じ識別子が繰り返されていないかをチェックします。

単純な暗号化だけでなく識別子を含むシステム全体で対策を考慮しなければならないため、入念に仕様を検討する必要があります。

まとめ

▶ 暗号文は平文の情報を漏らさないだけでは**不十分**で、暗号文の改竄対策が必要なことがある。

▶ リプレイ攻撃を防ぐためにはデータに通し番号や時刻情報などを付与する必要がある。

4章

▼

公開鍵暗号

公開鍵暗号は現代のネットワーク社会において
なくてはならない概念です。この章では秘密鍵
を安全に共有する方法、公開鍵暗号やハイブ
リッド暗号について解説します。

18 鍵共有

鍵共有とは秘匿されていない通信経路を用いて安全に秘密情報を共有するための仕組みです。公開鍵暗号の概念と同時に提案され、インターネット上で安全に通信をするためになくてはならない技術です。

● 現代暗号の始まり

　二人の間で秘密鍵を共有しておき、共通鍵暗号を使って平文を暗号化して相手に送れば途中の経路で情報が漏れることはありません。しかし共通鍵暗号で使う秘密鍵はどうやって共有すればよいのでしょうか。昔は直接会って秘密鍵を手渡しするしか方法がありませんでした。しかし遠く離れた人と秘密鍵をやりとりするのは不便です。

　1975年、**マークル**（Merkle）がある種のパズルを解く仕組みを利用した**鍵共有**方法を提案します。そして1976年、**ディフィー**（Diffie）と**ヘルマン**（Hellman）が効率のよい画期的な鍵共有方法・公開鍵暗号・署名の概念を発表しました[39]。この節では彼らの提案した鍵共有の方法を紹介します。ただし1997年にイギリスの政府通信本部**GCHQ**（Government Communications HeadQuarters）が公開した資料 (2) によると、エリス（Ellis）、コックス（Cocks）、ウィリアムソン（Williamson）たちが1970年前後に公開鍵暗号やDH鍵共有、RSA暗号を発見していたとのことです[40]。

● ベキ乗

　鍵共有の仕組みを説明するために、まず**ベキ乗**の性質をおさらいします。
　gのa乗の更にb乗を考えましょう。たとえばgの2乗の3乗は

$$(g^2)^3 = (g \times g)^3 = (g \times g) \times (g \times g) \times (g \times g) = g^6$$

なのでgを6乗した値になります。次にgの3乗の2乗を考えます。

$$(g^3)^2 = (g \times g \times g)^2 = (g \times g \times g) \times (g \times g \times g) = g^6$$

なのでgの6乗した値となり、$(g^2)^3$と一致します。

この関係はどんな整数a, bについても成り立ちます。

$$(g^a)^b = g^{ab} = g^{ba} = (g^b)^a$$

この関係式が鍵共有のポイントです。ただしaやbが大きいとg^{ab}は大きくなりすぎるため、予め決めた数nで割った余りを考えます。xをnで割った余りがrのとき、$r = x \bmod n$と書きます。modは剰余（modulo）の略です。プログラミング言語ではx % nと表記することがあります。また、xとrはnの倍数を除いて等しいということを$x \equiv r \pmod n$と書きます。余りをとる操作は掛け算の途中でやっても構いません。最終結果は変わらないからです。

たとえば107と108を掛けて100で割ると$107 \times 108 = 11556$の下2桁56を得ます。

$$(107 \times 108) \bmod 100 = 11556 \bmod 100 = 56$$

この計算は107、108を先に100で割った余り7と8を掛けても同じです。

$$(107 \bmod 100) \times (108 \bmod 100) = 7 \times 8 = 56$$

ベキ乗でも同様の性質が成り立ちます。たとえば104の4乗を100で割るときは$104^4 = 116985856$と計算してから100で割った余り56を求めるのではなく、104を先に100で割った余り4の4乗で256とし、もう一度100で割って余り56と計算できます。

より一般にg^aをnで割った余りを求めるときは途中でnを超えたらnで割ることで計算を簡略化でき、コンピュータで計算しやすくなります。

$(g^a)^b = (g^b)^a$という関係式もnで割った余りで考えると、$A = g^a \bmod n$、$B = g^b$

mod nとすると、$A^b \equiv B^a \pmod{n}$が成り立ちます。

● DH鍵共有

ベキ乗の性質を使ってアリスとボブは次のように鍵共有をします。**ディフィー・ヘルマン鍵共有（DH鍵共有）**といいます。DH鍵交換ともいいます。

1. アリスとボブでgとnを決めて固定します。
2. アリスは秘密の値aを決めて $A = g^a \bmod n$ を求めてボブに渡します。
3. ボブも秘密の値bを決めて $B = g^b \bmod n$ を求めてアリスに渡します。
4. アリスはボブからもらったBから $s = B^a \bmod n$ を求めます。
5. ボブもアリスからもらったAから $s' = A^b \bmod n$ を求めます。

前節で紹介したベキ乗の性質から $s \equiv s' \equiv g^{ab} \pmod{n}$ となります。これがアリスとボブで共有した値で、共通鍵暗号の秘密鍵など二人だけしか知らない秘密の情報として利用します。

■ DH鍵共有

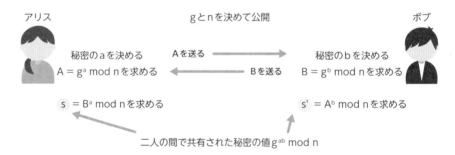

● DH鍵共有の安全性

DH鍵共有は非常にシンプルな方法ですね。さて、これで本当に安全に秘密の値を共有できるのか、二人の通信を盗聴している攻撃者の立場になって考えてみましょう。攻撃者が入手できる情報は公開されているgとn、それから通

信経路を流れるAとBです。

■ DH鍵共有の盗聴

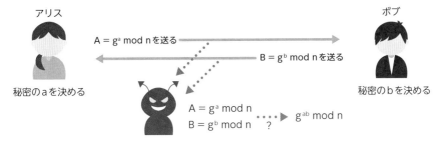

これからg^{ab} mod nを計算できてしまうと困ります。

これを定式化すると次の問題になります。

「g, n, g^a mod n, g^b mod nが与えられたときにg^{ab} mod nを求めよ」

　この問題を**DHP**（DH Problem）といいます。もちろん、DHPが解ければDH鍵共有は安全ではありません。DHPを高速に解くアルゴリズムの研究が長年された結果、nが10進数で600桁以上（2048ビット）の素数でいくつかの条件を満たせば、今後20年間に登場するどんなスーパーコンピュータでもそのDHPは解けないだろうと予測されています。そのようなnを使えば、盗聴されている通信経路であってもDH鍵共有を使って安全に秘密の値を共有できます。

● DLPと一方向性関数

　DHPについてもう少し考察します。もしgとnとA = g^a mod nからaが求まると、Bをa乗してg^{ab} mod nが求まりDHPが解けてしまいます。つまりDHPが解けない（安全である）なら二人が最初に決めた秘密の数字aやbも分かりません。こちらにも名前がついています。

　離散対数問題「g, n, Aが与えられたときにA = g^a mod nとなるaを求めよ」

一般にA = g^aのときa = log_g(A)と書いて「底をgとするAの対数」と呼びます。ここではg, n, A全てが整数（離散）のときの問題なので**離散対数問題 DLP**（Discrete Logarithm Problem）といいます。DLPもDHPと同様にnが600桁以上の素数だったら現在あるどんなコンピュータを使っても解けないと考えられています。後述する方法でg^aは簡単に計算できるのに、その逆は難しいのです。

■ 一方向性関数の例

このようにある向きの計算は容易だけれども、その逆向きの計算が難しい関数を**一方向性関数**といいます。たとえば$f(x) = x^2 + 3x + 5$という関数はxを決めると簡単にf(x)を計算できるし、逆にある値yを与えてf(x) = yとなるxの値を求めることも簡単です。したがって、このf(x)は一方向性関数ではありません。公開鍵暗号では、どうやってよい一方向性関数を作るかが重要なポイントです。

● ベキ乗の計算方法

最後にx^a mod nの効率のよい計算方法の一つを紹介しましょう。表記を簡単にするためこれ以降mod nを省略します。たとえばa = 100のときを考えます。素朴にx, x², x³, ... と順にxを掛けていくと全部でa − 1 = 100 − 1 = 99回掛け算が必要です。aが2048ビットなら、この方法では宇宙が滅んでも計算は終わりません。しかし次のようにすれば効率よく求められます。まず100を2進数表記します。100=64+32+4なので1100100です。

$$x^{100} = x^{64} \times x^{32} \times x^4$$

x^4 は x の2乗の2乗で求まり（2回）、x^{32} はその2乗の2乗の2乗（3回）、つまり $x^{32} = (((x^4)^2)^2)^2$。同様に $x^{64} = (x^{32})^2$ なので（1回）、ここまで合計6回掛け算しました。最後に x^{64} と x^{32} と x^4 を掛けて全部で8回の掛け算で x^{100} が求まります。

■ x^{100} の求め方

ビット位置	6	5	4	3	2	1	0
2のベキ乗	64	32	16	8	4	2	1
100の2進数表記	1	1	0	0	1	0	0
xのベキ乗	x^{64}	x^{32}	x^{16}	x^8	x^4	x^2	x

$$x^{100} = x^{64} \times x^{32} \times x^4$$

2乗　　2乗

この方法だとaが2000ビットのサイズだったとしても、まず x, x^2, x^{2^2}, ..., $x^{2^{1999}}$ というテーブルを作るのに掛け算が約2000回。そしてaを2進数表記して1である部分の値だけ掛ければよいので高々2000回、合計高々4000回の掛け算でできます。つまり $O(\log(a))$ の演算コストとなり、高速に求められます。

✏️ **まとめ**

▷ **DH鍵共有は公開通信経路を用いて二人の間で秘密の値を共有する方法である。**

▷ **DH鍵共有はネットワーク上で安全に通信するために重要である。**

▷ **DH鍵共有はDHPやDLPといった数学的な問題の困難さを安全性の根拠にしている。**

19 有限体と拡大体

有限体とその拡大体という数学の言葉を解説します。これらはAESや楕円曲線暗号など様々な暗号技術を実装しようとしたときに必要になる知識です。この節はやや高度ですので最初は飛ばして構いません。

● 有限体

　DH鍵共有で何度も登場した整数をnで割った余りの集合S={0, 1, 2, ..., n-1}の性質を詳しく見てみましょう。aとbをSの値としたとき加算、減算、乗算は普通に計算してからnで割った余りをとるのでした。n=5とします。a=1のときb=1、2、3、4に対してa×b=bです。a=2のとき2×1=2、2×2=4、2×3=6≡1 (mod 5)、2×4=8≡3 (mod 5)です。このようにして乗算表ができあがります。

■ 乗算表 (a × b)

a＼b	1	2	3	4
1	1	2	3	4
2	2	4	1	3
3	3	1	4	2
4	4	3	2	1

　除算はできるでしょうか。たとえば普通の整数では1/3は整数ではないので余りの集合Sの中にその値はありません。しかし3×2=6のとき2=6/3であることを思い出して余りの世界で除算の概念を拡張します。1/3とは3倍したら1になる値Xと考えるのです。つまり「1/3 = X ⇔ 1 = X×3」です。

　乗算表でb=3倍したら1になる値aを探すとa = 2のとき2×3=6≡1 (mod 5)です。したがって、この余り世界では1/3=2と考えます。同様に、乗算表のa=1〜4に対して掛けて1になるbの値を取り出して逆数表を作成します。

　表のa=1〜4についていつでもa×(1/a)≡1 (mod 5)であることを確認してください。逆数表ができると割り算はa/b=a×(1/b)として逆数表と乗算表を組み

合わせて計算できます。

■ 逆数表（1/a）

a	1	2	3	4
1/a	1	3	2	4

　実はnがどんなときでも逆数表を作れるわけではありません。nが6や12など合成数のときは逆数が存在しないときがあります。そしてnが素数のときはいつでも逆数表をきちんと埋められること、割り算ができることが知られています。加減乗除の四則演算ができる集合を**体**（たい）といいます。たとえば実数の集合や分数の集合は体なので実数体や有理数体といいます。有限個の集合からなる体は**有限体**といいます。pが素数のとき、集合{0, 1, ..., p−1}は有限体で$\mathbb{F}_p$と書きます。DH鍵共有やDLPにはいくつかバリエーションがあり、前節で紹介した方式は「有限体上のDH鍵共有」「有限体上のDLP」といいます。

◎ 拡大体

　2は素数なので$\mathbb{F}_2$も有限体です。といっても要素は0と1しかありません。加算と乗算は、それぞれ1ビットの基本変換（sec.09）で紹介した排他的論理和と論理積に対応します。1+1=2=0と−1=1に注意すればその他は通常の0と1の加減算と乗算です。逆数表は0でない要素は1で、その逆数は1/1=1です。

　さて、$\mathbb{F}_2$を複数まとめて扱う**拡大体**という概念を紹介します。既に紹介した共通鍵暗号AESやディスク暗号化XTS-AES、認証付き暗号（sec.38）で紹介するAES-GCMなどでは「$\mathbb{F}_2$の拡大体の演算」が使われます。

■ ビットと多項式の対応

2ビットab	00	01	10	11
多項式	0	1	x	x+1

　まずXを2ビットの集合{00, 01, 10, 11}とします。そしてその2ビット「$b_1 b_0$」（b_0, b_1はそれぞれ1ビット）を$b_1 x + b_0$というxの多項式に対応させます。

たとえば2ビットが00なら0x+0 = 0, 01なら0x+1 = 1という具合です。つまり2ビットの集合Xを{0, 1, x, x+1}という多項式の集合とも考えるのです。

さて、Xに四則演算を導入します。Xの要素同士の加算、減算を係数が$\mathbb{F}_2$の1次の多項式と思って計算します。乗算は$\otimes$という表記を使い、「xの2乗が現れたらx+1に置き換える」という規則Rを適用することにします。少々作為的ですが我慢してください。たとえばx+(x+1)=2x+1 ですが、$\mathbb{F}_2$の中では2=0なのでx+(x+1)=1です。引き算は、−1=1なので1−(x+1)=−x=xとなります。$x \otimes (x+1)$は展開するとx^2+xとなり、「x^2」を「x+1」に置き換える規則Rを適用して$x^2+x=(x+1)+x=1$です。このようにして「+」と「$\otimes$」の演算表ができあがります。

■ 加算表 (a+b)

a \ b	0	1	x	x+1
0	0	1	x	x+1
1	1	0	x+1	x
x	x	x+1	0	1
x+1	x+1	x	1	0

■ 乗算表 (a⊗b)

a \ b	0	1	x	x+1
0	0	0	0	0
1	0	1	x	x+1
x	0	x	x+1	1
x+1	0	x+1	1	x

有限体のときと同様、乗算表を使って逆数の表を作ります。0でない各aについて掛けて1になる値bを探します。たとえばa=xのとき$x \otimes (x+1)=1$なので1/x=x+1と考えるのでした。同様に1/(x+1)=xでもあります。

このように集合Xは四則演算ができたので有限体になっています。$\mathbb{F}_2$の係数の多項式を使ってx^2をx+1に置き換える規則Rを使ったので$\mathbb{F}_2$の2次拡大体$\mathbb{F}_{2^2}$といいます。$\mathbb{F}_2$の拡大体は係数に0と1しか現れないのでコンピュータで扱いやすい体です。ここで記号が紛らわしいのですが$\mathbb{F}_{2^2}$は4(=2^2)で割った余

りの集合ではないことに注意してください。4で割った余りの集合 {0, 1, 2, 3} だと、たとえば2の逆数を考えようと a×2 = 1 となるaを探しても、そんなaは見つかりません。(1×2 = 2, 2×2=4=0, 3×2=6=2なので)。4は合成数なので体ではないのです。

■ 逆数表 (1/a)

a	1	x	x+1
1/a	1	x+1	x

　別の規則を使うと別の拡大体を構成できます。ブロック暗号 AES では規則 R'「x^8 を $x^4+x^3+x^2+1$」を使って $\mathbb{F}_{2^8}$ という拡大体を構成します。8ビットのデータ $[c_7:c_6:...:c_0]$ を7次多項式 $c_7 x^7 + c_6 x^6 + ... + c_1 x + c_0$ とみなして計算するのです。たとえば a= $[0:0:0:0:0:1:1:1]$, b= $[0:1:0:0:0:0:0:1]$ のとき、対応する多項式は x^2+x+1 と x^6+1 でそれらを掛け算すると f=$(x^2+x+1)(x^6+1)=x^8+x^7+x^6+x^2+x+1$。ここで規則 R' と 2=0 により f=$(x^4+x^3+x^2+1)+x^7+x^6+x^2+x+1=x^7+x^6+x^4+x^3+x$ ⇔ $[1:1:0:1:1:0:1:0]$ となります。XTS-AES や AES-GCM では128ビットの集合を体として扱う $\mathbb{F}_{2^{128}}$ という拡大体が利用されています。

■ AES, XTS-AES, AES-GCMで使われる拡大体

種別	集合X	変換規則	拡大体
AES	7次以下の多項式	$x^8 \rightarrow x^4+x^3+x^2+1$	$\mathbb{F}_{2^8}$
XTS-AES や AES-GCM	127次以下の多項式	$x^{128} \rightarrow x^7+x^2+x+1$	$\mathbb{F}_{2^{128}}$

まとめ

▷ 素数p未満の集合 {0, 1, ..., p-1} に四則演算の規則を入れたものを有限体 $\mathbb{F}_p$ という。

▷ 有限体 $\mathbb{F}_2$ をk個まとめて新たな四則演算を入れたものを $\mathbb{F}_2$ の拡大体 $\mathbb{F}_{2^k}$ という。

▷ 有限体や拡大体は様々な暗号技術で利用されている。

20 公開鍵暗号

共通鍵暗号の秘密鍵を共有する方法として、鍵共有の他に公開鍵暗号があります。鍵共有は一度互いにデータを交換して秘密鍵を共有してから共通鍵暗号を使いますが、公開鍵暗号は、公開鍵をもらったらすぐ暗号化できる点が違います。

● 公開鍵暗号の概念

　物理的な錠に対する鍵は、通常開けるときも閉めるときも同じ鍵を使います。共通鍵暗号や古典的な暗号はその類似の概念で、暗号化と復号で同じ秘密鍵を使いました。**公開鍵暗号**では暗号化するときと復号するときに異なる鍵を使うのがポイントです。暗号化用の鍵は誰に知られてもよい**公開鍵**、復号用の鍵は自分しか知らない秘密鍵といいます。

　秘密鍵と公開鍵は密接な関係があり、大抵の公開鍵暗号は秘密鍵から公開鍵を作ります。しかし逆に公開鍵から秘密鍵は作れません。そのため公開鍵は他人に知られても問題なく、共通鍵暗号の秘密鍵をこっそり相手に渡すような苦労がありません。この点が共通鍵暗号との一番の違いです。

　公開鍵暗号は、**鍵生成**・暗号化・復号の3個のアルゴリズムからなり、アリスがボブに秘密の情報を送りたいときは次のようにします。

鍵生成

　ボブは秘密鍵bと公開鍵Bのペア(b, B)を生成して公開鍵を皆に公開します。アリスはその公開鍵Bを受け取ります。この操作は一度だけ行えばよいです。

■ 鍵生成

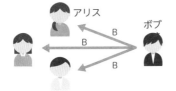

アリス　　　　ボブ
B
B
B

秘密鍵bと公開鍵Bのペア
(b, B)を生成する
秘密鍵bは誰にも見せない
公開鍵Bを皆に公開

暗号化

アリスはボブから渡された公開鍵Bで平文mを暗号化して暗号文cを作りボブに渡します。

この操作を「c = Enc(B, m)」と書きます。文脈から公開鍵Bが容易に分かるときは「c = Enc(m)」とBを省略することも多いです。

■ 暗号化

平文mをボブの公開鍵Bで暗号化
c = Enc(B, m)

復号

ボブは送られてきた暗号文cに対して自分の秘密鍵bを使ってmを復号します。この操作を「m = Dec(b, c)」と書きます。秘密鍵bを省略して「m = Dec(c)」と書くことも多いです。

■ 復号

暗号文cを自分の秘密鍵bで復号
m = Dec(b,c)

ボブがアリスに暗号文を送りたいときは上記とは逆にアリスが秘密鍵と公開鍵のペア(a, A)を作り公開鍵Aをボブに渡します。ボブはその公開鍵Aで平文m'を暗号化して暗号文c'=Enc(A,m')を作り、暗号文c'を受け取ったアリスは自身の秘密鍵aで復号して平文m'を得ます。

アリスやボブが作った秘密鍵や公開鍵はそれぞれ別物で、公開鍵暗号を使う人それぞれが用意します。

◉ 共通鍵暗号との違い

多人数の間で、それぞれ秘密にやりとりしようとすると共通鍵暗号と公開鍵暗号の違いが顕著になります。たとえばA, B, C, D, Eの5人がいる状況を考えましょう。共通鍵暗号を使う場合、AはB, C, D, Eとのやりとりにそれぞれ異なる秘密鍵を使わなければなりません。同じ秘密鍵を使っていると、Bとのやりとりの暗号文をC, D, Eが盗聴したら復号できてしまうからです。つまりAは秘密鍵を4個管理する必要があります。これはB, C, D, Eについても同じです。全体でn人いると各自がn−1個の秘密鍵を漏洩しないように管理しなければなりません。

これに対して公開鍵暗号を使う場合、全体で何人いようとも管理すべき秘密鍵は自分の分だけでよいです。インターネットのような不特定多数の間で暗号を使う場合には公開鍵暗号のメリットが大きくなります。

■ 管理すべき秘密鍵の比較

共通鍵暗号
秘密鍵は相手の数だけ必要

公開鍵暗号
秘密鍵は自分の分だけ必要

◉ 強秘匿性と頑強性

攻撃者が自分で選んだ平文の暗号文を入手できる状況での攻撃を選択平文攻撃CPAといいました（sec.08）。共通鍵暗号の場合CPAが可能な状況は限定されていましたが、公開鍵暗号では公開鍵が公開されているので、攻撃者はいつでも自分で選んだ平文の暗号文を作成できます。したがって、公開鍵暗号はCPAに対して安全でなければなりません。

もし、暗号方式が乱数を使わない決定的アルゴリズムだとするとCPA安全ではありません。たとえば平文mが小さい値と分かっているなら公開鍵を用いてEnc(1), Enc(2)と順番に計算し、与えられた暗号文cに一致する値mを探せ

ます。つまり解読できてしまいます。

■ 暗号方式が決定的アルゴリズムな公開鍵暗号

暗号文 c = Enc(100) が与えられた

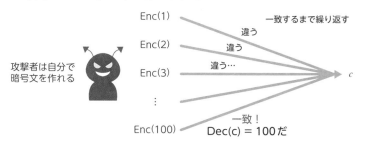

したがって、公開鍵暗号の暗号方式は確率的アルゴリズムであることが必要条件です。

またパディングオラクル攻撃（p.095）は、自分で選んだ暗号文に対応する平文の情報を受け取れる状況でした。攻撃者にとってより都合のよい状況、攻撃対象暗号文以外の自分で選んだ暗号文の平文をいつでも入手できる状況下での攻撃を選択暗号文攻撃CCA（p.058）といいます。

より正確には平文の入手が攻撃対象の暗号文cを取得する前だけに行う状況をCCA1、暗号文の取得後も平文の入手が可能な状況を**適応的選択暗号文攻撃CCA2**といいます。CCA2は暗号文cに応じて情報取得の戦略を立てられるので、より攻撃能力が高いです。

ここで次のようなやりとり（ゲーム）を考えます。

・攻撃者が2個の平文m_1, m_2を選び、相手に渡します。
・相手はその平文のどちらかを選び、暗号化して暗号文cを攻撃者に返します。
・攻撃者は暗号文cがどちらの平文を暗号化したのかを当てます。

CPA, CCA1, CCA2の状況下で、攻撃者が平文を当てられない（でたらめにやって当たる確率1/2より有意に大きくない）とき、その公開鍵暗号はそれぞれ**IND-CPA**, **IND-CCA1**, **IND-CCA2**安全といいます。INDとは**識別不可能性**（INDistinguishability）という意味です。

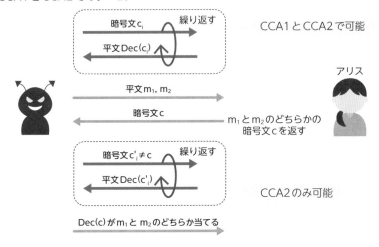

IND-CCA2安全な公開鍵暗号は、暗号文から平文の情報が少しも得られない強秘匿性があることが知られています。

また暗号文の改竄 (p.100) で紹介したように、平文の情報が得られなくても、暗号文を少しいじって対応する平文を操作しようとする攻撃も考えられます。そのようなことができない (少しでも暗号文をいじると対応する平文が全く無関係なものになって制御ができない) とき、その公開鍵暗号は**頑強性**を持つといいます。

IND-CCA2安全な公開鍵暗号は強秘匿性だけでなく頑強性も備えることが知られています。

◉ ハイブリッド暗号

共通鍵暗号に対して公開鍵暗号は暗号化で使う鍵を公開してよいのが利点です。ただ残念ながら一般的に公開鍵暗号は共通鍵暗号に比べて速度がかなり遅いです。したがって、いつでも公開鍵暗号を使えばよいというわけではありません。

そこで、共通鍵暗号の高速性と、公開鍵暗号の管理の利点を組み合わせた**ハイブリッド暗号**が使われます。

■ ハイブリッド暗号

公開鍵暗号のみ

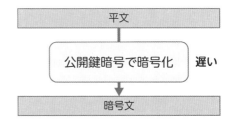

ハイブリッド暗号

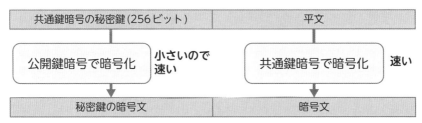

　ハイブリッド暗号は、共通鍵の秘密鍵だけを公開鍵暗号で暗号化し、暗号文本体は共通鍵暗号を使います。この仕組みは鍵を暗号化する部分、**鍵カプセル化メカニズム KEM**（Key Encapsulation Mechanism）とデータを暗号化する部分、**データカプセル化メカニズム DEM**（Data Encapsulation Mechanisum）からなるので KEM-DEM フレームワークと呼ばれます[41]。

まとめ

　▸ **公開鍵暗号は暗号化と復号で異なる鍵を使う。**

　▸ **公開鍵暗号で暗号化するときの鍵は誰が見てもよいので公開鍵という。**

　▸ **ハイブリッド暗号は共通鍵と公開鍵暗号の利点を合わせた方式である。**

21 | RSA暗号

RSA暗号は1977年にリベスト (Rivest)、シャミア (Shamir)、エーデルマン (Adleman) が提案した公開鍵暗号です。その仕組みと実際に利用する上での注意点を紹介します。

● RSA暗号の具体例

　RSA暗号はDH鍵共有の節で登場したベキ乗の余りが持つ性質を利用した暗号です。一般的な説明をする前に小さい値でRSA暗号を見てみましょう。

　$n = 187$, $e = 3$とします。nとeのペア(n, e)が公開鍵です。$f(x, y, n) = x^y \bmod n$という関数を考えます。fはxをy乗してnで割った余りを求める関数です。平文mを0から$n-1$ $(=186)$まで一つずつ増やしながら$f(m, e, n)$を計算します。この値が平文mの暗号文cです。

$f(0, e, n) = 0^3 \bmod 187 = 0$
$f(1, e, n) = 1^3 \bmod 187 = 1$
$f(2, e, n) = 2^3 \bmod 187 = 8$
$f(3, e, n) = 3^3 \bmod 187 = 27$
...
$f(186, e, n) = 186^3 \bmod 187 = 186$

■ RSA暗号の暗号化

m	0	1	2	3	4	5	6	7	8	9	10	11	12	13	14	...	186
c	0	1	8	27	64	125	29	156	138	168	65	22	45	140	126	...	186

　表の途中は省略していますが、暗号文cの値は1から186までがスクランブルされて並んでいます。次に$d = 107$とします。この値が秘密鍵です。暗号文cを秘密鍵dを使って復号するには$f(c, d, n)$を計算します。上記の暗号化で登場した暗号文cを順に復号してみましょう。

$f(0, d, n) = 0^{107} \bmod 187 = 0$

$f(1, d, n) = 1^{107} \bmod 187 = 1$

$f(8, d, n) = 8^{107} \bmod 187 = 2$

$f(27, d, n) = 27^{107} \bmod 187 = 3$

...

$f(186, d, n) = 186^{107} \bmod 187 = 186$

■ RSA暗号の復号

c	0	1	8	27	64	125	29	156	138	168	65	22	45	140	126	...	186
m	0	1	2	3	4	5	6	7	8	9	10	11	12	13	14	...	186

　すると全ての値が元の平文mに戻りました。ただし、適当に選んだ公開鍵や秘密鍵の値に対してf(m, e, n)やf(c, d, n)を計算しても元に戻るとは限りません。これらの値の選び方には特殊なルールが存在します。

● RSA暗号の作り方

　それでは一般的なRSA暗号の作り方を説明します。まず二つの素数pとqを選び、その二つを掛けてn=p×qとします。整数eを一つ選びます。e=65537とすることが多いです。そしてe×dを(p-1)×(q-1)で割った余りが1となるような整数dを探します。ここではdの求め方は説明しませんがコンピュータを使うと比較的容易に計算できます。

　dが秘密鍵でnとeのペア(n, e)が公開鍵です。このとき

・平文mの暗号化を $\text{Enc}(m) = f(m, e, n) = m^e \bmod n$
・暗号文cの復号を $\text{Dec}(c) = f(c, d, n) = c^d \bmod n$

とします。$\text{Enc}(m) = f(m, e, n)$ をRSA関数といいます。暗号化と復号の関数が同じfで表されるのはRSA特有の性質です。このようにすると、1からn-1の範囲の平文mに対して作った暗号文c = Enc(m)に対してDec(c) = mとなります。これは**フェルマー**（Fermat）の小定理を使って数学的に証明できます。

フェルマーの小定理：

pを素数、aをpの倍数でない整数とすると $a^{p-1} \equiv 1 \pmod{p}$

　先程の例はp = 11, q = 17なのでn = pq = 187と(p−1)×(q−1)=160です。e = 3, d = 107なのでed = 321を160で割って余り1となるので条件を満たしました。

● RSA暗号の安全性

　二つの素数pとqを適切に選んでn=p×qが10進数で600桁以上にすると、現在のコンピューターで公開鍵(n, e)と暗号文c = f(m, e, n)から元の平文mを求めるのは不可能と考えられています。この予想を**RSA仮定**といいます。

　RSA仮定はnの素因数分解（nを二つの素数pとqに分解すること）ができれば破れることが知られています。つまり少なくともnの素因数分解ができないような大きなnを選ぶ必要があります。ただしnの素因数分解をしなくてもRSA仮定を破る方法が存在するかどうかは知られていません。現在はRSA仮定と素因数分解の困難さは同程度の難しさと考えられています。

　RSA関数c = Enc(m)は逆向きの計算ができないので一方向性関数です。ただ秘密鍵dを知っている人だけは逆向きの計算Dec(c) = f(c, d, n)ができます。そのためRSA関数Enc(m)を、**落とし戸付き一方向性関数**（trapdoor function）といいます。

■ 落とし戸付き一方向性関数の例

eとnは公開情報
$$\mathrm{Enc}(m) = m^e \bmod n$$

mを決める	→　容易　→	c = Enc(m) を求める
Enc(m) = c となるmを求める	←　困難　✕　←	cを決める
m = c^d mod nとすると Enc(m) = c	←　dを知っていれば　← 容易（落とし戸）	cを決める

RSA仮定の元でRSA暗号の暗号文から元の平文を求めることはできません。しかし、上記の暗号化アルゴリズムEncには乱数が使われていません。つまり同じ平文を暗号化するといつも同じ同じ暗号文になります。このような決定的アルゴリズムを用いた暗号は安全ではありませんでした。

そもそも0や1は何乗しても0や1なのでそれらのRSA暗号文はいつも0や1です。RSA暗号は前節で紹介した強秘匿性を持っていません。

たとえ素因数分解ができない大きなnを使っていたとしても、このRSA暗号を実際のアプリケーションで使ってはいけません。**PKCS#1 v1.5**（Public-Key Cryptography Standards）で、基本的なRSA暗号を安全にした方式が広く使われています[42]。ただし、パディングオラクル攻撃と呼ばれる攻撃手法が知られています[43]。CRYPTRECの電子政府推奨暗号リストでは別方式の**RSA-OAEP**（Optimal Asymmetric Encryption Padding）を推奨しています。RSA-OAEPは、基本的なRSA暗号とハッシュ関数と乱数を組み合わせた安全性証明のある公開鍵暗号です[44][45]。

■ RSA暗号方式の安全性の違い

RSA暗号の方式	安全性
RSA暗号の基本方式	安全でない
PKCS#1 v1.5で定義されたもの	理論的に安全とは示されていない
RSA-OAEP	理論的に安全と示されている

まとめ

▷ **RSA暗号は素因数分解が困難な大きな素数の積を使って作る。**

▷ **基本的なRSA暗号（落とし戸付き一方向性関数）は決定的アルゴリズムなので安全ではない。**

▷ **理論的安全性が示されたRSA-OAEPが推奨されている。**

22 OpenSSLによる RSA暗号の鍵の作り方

様々な暗号関数を利用できるソフトウェア OpenSSL を使って基本的な RSA暗号の鍵を作成し、実際に暗号化と復号を試します。

● OpenSSL

OpenSSL はインターネットで暗号化する際に最もよく使われるツールの一つです [46]。OpenSSL は共通鍵暗号や公開鍵暗号、ハッシュ関数など様々な暗号技術に対応しています。この節では RSA暗号の鍵生成の方法と、作った鍵を使って RSA暗号を試す方法を紹介します。ソフトのインストール方法はここでは紹介しませんので手元で試される場合には [47] などを参照しつつ、各自で行ってください。

● RSA暗号の秘密鍵と公開鍵の作成方法

OSによってやり方は異なりますが、ターミナルやコマンドプロンプトを開いて適当なディレクトリに移動します。OpenSSL を正しくインストールしてパスが通っていれば、

```
openssl genrsa 2048 > sec-test-key.txt
```

とすると 2048 ビットの RSA暗号の秘密鍵ファイル sec-test-key.txt が作られます。秘密鍵ファイルは次のようなテキストファイルです（ファイルの中身は実行するたびに変わります）。

```
-----BEGIN RSA PRIVATE KEY-----
MIIEpAIBAAKCAQEAyLSLZIkcf0dsaVBzGI/8hK1CLKdeNKnCkkO0DDpdWOIAnRaj
```

```
IFumk5DrOiZEJH+MID4pRx//qcZa/Y4tfkV9kHuyyR4PtEgB2SDqDihgc3DM9l/O

...（略）...

pFzNg1AdPKPcJGVtEA3IQ26ZVzCmIY/ATpyQEuPcKqFMFbsEzLLwrw==
-----END RSA PRIVATE KEY-----
```

次に

```
openssl rsa -pubout < sec-test-key.txt > pub-test-key.txt
```

とすると対応する公開鍵ファイル pub-test-key.txt ができます。公開鍵ファイル
もテキストファイルです。

```
-----BEGIN PUBLIC KEY-----
MIIBIjANBgkqhkiG9w0BAQEFAAOCAQ8AMIIBCgKCAQEAyLSLZIkcf0dsaVBzGI/8
hK1CLKdeNKnCkkO0DDpdWOIAnRajIFumk5DrOiZEJH+MID4pRx//qcZa/Y4tfkV9
kHuyyR4PtEgB2SDqDihgc3DM9l/OeyKMCEh5FIbQyWHJg7H2WaLJX0fjX5GATAZN
dteLSNBhM7tSL5RZH6dV/OWiqQIL7ZP9fwmo5pbQImYj4s54fp087XEQitDN4w6c
xyh1pLkQEsHFRRK/c885NZesegzw/qglCMQvgxAIViBAYLEr49/5uZcwU+Y3LvPO
JcXvO/A6HO8LIXyNzu/TQ+T6bp45gteW0JYO6Z3zVvbJMQVARaaNqy6tdq2w5c/b
uwIDAQAB
-----END PUBLIC KEY-----
```

🔘 秘密鍵と公開鍵の確認方法

　前項で作ったファイルは Base64 という方法で符号化されていて人間には分
かりにくいです。そこで読みやすい形でデータを取り出しましょう。
　まず公開鍵ファイル pub-test-key.txt に対して

```
openssl rsa -text -pubin -noout < pub-test-key.txt
```

と入力すると

```
Public-Key: (2048 bit)
Modulus:
    00:c8:b4:8b:64:89:1c:7f:47:6c:69:50:73:18:8f:
    fc:84:ad:42:2c:a7:5e:34:a9:c2:92:43:b4:0c:3a:

...(略)...

    fa:6e:9e:39:82:d7:96:d0:96:0e:e9:9d:f3:56:f6:
    c9:31:05:40:45:a6:8d:ab:2e:ad:76:ad:b0:e5:cf:
    db:bb
Exponent: 65537 (0x10001)
```

と表示されます。

　これは公開鍵が2048ビットであり、Modulusが割る数n、Exponentがベキ乗する値eを表します。eは65537ですがnは大きな値なので16進数を区切って8ビットずつ表示されています。

　同様に秘密鍵ファイル sec-test-key.txt に対しても

```
openssl rsa -text -noout < sec-test-key.txt
```

とすると画面に16進数の文字列が出力されます。こちらは公開鍵に比べて表示される情報が多いですが重要なのは

```
privateExponent:
    00:a5:b6:a4:2c:f3:24:6b:56:ae:85:59:de:5e:16:
    6c:79:a3:90:32:cc:51:f5:0b:81:52:40:c2:45:22:

...(略)...

    66:5c:39:c6:45:ba:61:a1:39:5b:fc:82:85:26:24:
    2c:91
prime1:
```

の部分です。privateExponentはRSA暗号の秘密鍵dを表します。

● Pythonによる鍵の設定方法

　前項で2048ビットRSA暗号の公開鍵(n, e)と秘密鍵dを得ました。この値を使って実際に計算してみましょう。計算ツールとしてここでは**Python**を利用します[48]。Pythonはインストールしてもよいですし、「Python online」で検索するとブラウザで利用できるものもあります[49][50]。

　まずModulusやprivateExponentで示されたデータを実際の数字に変換しなければなりません。ここではPython自体の説明はしないのですが、Pythonを実行しコマンド入力待ち状態で、

```
>>> def convert_to_int(s): return int("".join(s.split()).
replace(":",""),16)
```

を入力して2回改行してください。先頭の >>> はコマンド入力行を意味する印なので入力しないでください。

　この操作は、与えられた文字列から空白・改行・セミコロンを取り除いて16進数として値を返す関数convert_to_intを定義します。

　次に

```
>>> n=convert_to_int("""
```

を入力して改行した後に、前項で表示されたModulusの中身（Exponentの直前の行まで）をコピーして貼り付けます。そして最後に """)を入力して改行します。

```
>>> n=convert_to_int("""
    00:c8:b4:8b:64:89:1c:7f:47:6c:69:50:73:18:8f:
    fc:84:ad:42:2c:a7:5e:34:a9:c2:92:43:b4:0c:3a:
...（略）...
    fa:6e:9e:39:82:d7:96:d0:96:0e:e9:9d:f3:56:f6:
    c9:31:05:40:45:a6:8d:ab:2e:ad:76:ad:b0:e5:cf:
    db:bb
""")
```

privateExponentに対しても同様（prime1の直前の行まで）にします。

```
>>> d=convert_to_int("""
    00:a5:b6:a4:2c:f3:24:6b:56:ae:85:59:de:5e:16:
    6c:79:a3:90:32:cc:51:f5:0b:81:52:40:c2:45:22:

...（略）...

    66:5c:39:c6:45:ba:61:a1:39:5b:fc:82:85:26:24:
    2c:91
""")
```

　何も表示されなければ正常に設定されています。hex(n)やhex(d)とするとnやeの値を16進数表示します。

```
>>> hex(n)
'0xc8b48b648...5cfdbbb'
>>> hex(d)
'0xa5b6a42cf...6242c91'
```

　前項で表示された値と、先頭の0、スペースやコロン（:）を除いて同じか確認してください。

　最後に公開鍵のeを設定します。

```
>>> e=65537
```

　さて、これでようやく公開鍵(n, e)と秘密鍵dをPythonに入力できました。

● PythonによるRSA暗号の動作確認

　準備が整ったので適当な平文mを暗号化しましょう。RSA暗号の一方向性関数f(x, y, n)=x^y mod nはPythonではpow(x, y, n)とします。平文mを公開鍵eで暗号化するにはm^e mod nを計算するのでした。

128

```
>>> m=123456789
>>> c=pow(m,e,n)
>>> c
```

何か大きな数字が出力されたと思います。これが平文mの暗号文cです。秘密鍵dで復号してみましょう。暗号文cを秘密鍵dで復号するには$c^d \bmod n$を計算すればよいです。

```
>>> x=pow(c,d,n)
>>> x
```

123456789と表示されたでしょうか。元の平文mに戻ったことが分かります。nを超えない範囲でもっと大きな整数でも確認しましょう。xはmと同じ値になります。

```
>>> m=12345678901234567890123456789012345678901
>>> c=pow(m,e,n)
>>> x=pow(c,d,n)
>>> c
大きな整数が表示される
>>> x
12345678901234567890123456789012345678901
```

まとめ

▶ **OpenSSLを使ってRSA暗号の公開鍵と秘密鍵ファイルを作る。**

▶ **作ったファイルから公開鍵と秘密鍵の情報を見える形にする。**

▶ **Pythonを使ってRSA暗号の暗号化と復号を試す。**

23 楕円曲線暗号

楕円曲線暗号（elliptic curve cryptography）とは楕円曲線と呼ばれる数学的な対象物を利用した暗号技術全般を指します。楕円曲線を用いた公開鍵暗号や鍵共有・署名などがあります。短い鍵長で高い安全性が得られるため普及が進んでいます。

◉ 楕円曲線

楕円曲線EC（Elliptic Curve）は、これで一つの専門用語です。楕円の弧の長さを求める研究が端緒なので名前に「楕円」が入っています。しかし楕円曲線は「楕円」でもなければ「曲線」でもなく、後述するようにどちらかというと「曲面」です。

楕円曲線の解説の前に、少しDH鍵共有の有限体をおさらいしましょう。有限体では整数を素数pで割った余りを考えていました。pで割るというのは0以上p以下の線分の両端を貼り合わせたものとみなせます。線分を曲げて貼り合わせると円になります。

■ 円周の世界

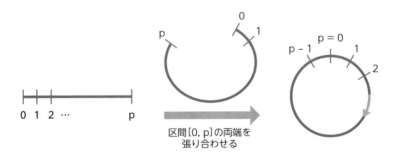

区間[0, p]の両端を
張り合わせる

この世界で、ある数xのベキ乗x, x^2, x^3, ... は円周をぐるぐると移動します。

■ ベキ乗演算

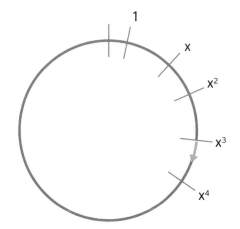

この例は円周なので1次元的です。これを2次元にすることを考えます。

■ トーラスの世界

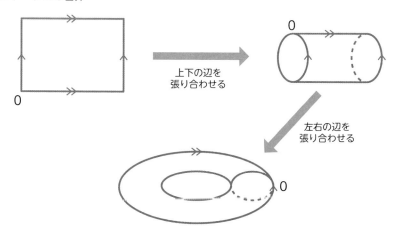

平面からある長方形を切り出し、上下の両辺を貼り合わせます。すると筒になります。材質が紙ではなく伸び縮みできるゴムのようなものと思いましょう。今度はその筒の左右を貼り合わせます。すると**トーラス**と呼ばれる浮き輪の表面のような形になります。幾何学的にはこれが楕円曲線です。

● 楕円曲線上の演算

楕円曲線上で、ある点Pの2倍、3倍という操作を考えます。これは貼り合わせる前の長方形で考えると、その上で矢印を2倍、3倍に伸ばすことに相当します。

P + P = 2P, P + 2P = 3P, ...

長方形の左下の頂点Oをゼロまたは**無限遠点**といいます。整数の足し算における0に相当します。長方形の向かい合う辺同士を貼り合わせているので、長方形からはみ出したら対応する反対側の辺から伸びます。すると、楕円曲線上では矢印が巻きつきながら進む操作となります。Pをうまくとると何倍か（r倍）したらOに戻ります（rP = O）。

長方形の右上の頂点（貼り合わせるとOとくっつきます）からPと反対向きに進む操作を –P と書きます。同様に –2P や –3P という操作も表せます。

■ 楕円曲線上の点の整数倍

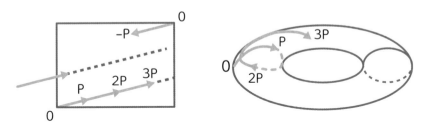

● 楕円曲線の加算公式

楕円曲線（トーラス）は幾何学的なイメージがしやすいのですが、暗号では扱いづらいです。そこで楕円曲線Eをコンピュータで計算しやすいように有限体$\mathbb{F}_p$を使って表現します。

整数a、bを固定すると、Eの点は方程式$y^2=x^3+ax+b$を満たす$\mathbb{F}_p$の組(x, y)として与えられます。無限遠点Oは方程式を満たす整数の組で表せないので別に

置いておきます。つまり、

$$E=\{(x,y)\in(\mathbb{F}_p)^2|y^2=x^3+ax+b\}\cup\{O\}$$

と表現できます。この方程式で表されるEとトーラスは似ても似つかないのですが、数学的には同じ対象物であることが知られています。幾何学的なイメージによる導入を無視して、最初からこれが楕円曲線と思っていただいても構いません。

Eの点PとQに対して足し算を次の**加算公式**で定義します。

まず「0」は整数のゼロに相当する特別な点でP+0=0+P=Pです。次にP=(x_1, y_1)に対してPのマイナスを–P=(x_1, –y_1)と定めてP+(–P)=(–P)+P=0とします。最後にその他の0でない点P=(x_1, y_1)とQ=(x_2, y_2)の足し算R=P+Qは次の数式で表せます。R=(x_3, y_3)として

$$x_3=\lambda^2-(x_1+x_2)$$
$$y_3=-\lambda(x_3-x_1)-y_1$$

ここで$x_1\neq x_2$のときは$\lambda=(y_1-y_2)/(x_1-x_2)$, $x_1=x_2$のときは$\lambda=(3x_1^2+a)/(2y_1)$とします。式の中の四則演算は有限体で紹介した方法で計算します。

■ 楕円曲線の点の動き

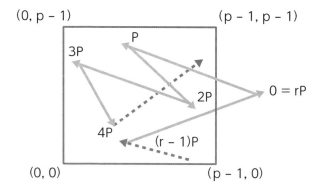

このようにしてP, 2P=P+P, 3P=2P+P, ... を計算すると点は一見ばらばらに移

動しますが、r倍すると0に戻る性質（rP = 0）はちゃんと残っています。**楕円曲線暗号**は {0, P, 2P, ..., (r−1)P} という集合を扱います。

● ECDHPとECDLP

さて、楕円曲線（トーラス）を暗号に使うための重要な性質を紹介します。有限体のDH鍵共有は

・DHP：「(g, p, g^a mod p, g^b mod p)が与えられたときに g^{ab} mod pを求めよ。」
・離散対数問題（DLP）：「(g, p, A)が与えらえたときにA=g^a mod pとなるaを求めよ。」

といった問題が難しいという性質を安全性の根拠としていました。
　楕円曲線でも同様の命題が考えられます。ただしベキ乗の代わりに点の整数倍の操作を利用します。すなわち、

・ECDHP：「(P, aP, bP)が与えられたときにabPを求めよ。」
・**楕円離散対数問題**（ECDLP）：「(P, A)が与えられたときにA=aPとなるaを求めよ。」

　そして楕円曲線を決めるパラメータを適切に選ぶと **ECDHP** や **ECDLP** を解くのは困難であると考えられています。

■ ECDLPによる一方向性関数

楕円曲線と点Pを決める

この一方向性関数を用いて様々な楕円曲線暗号が考えられています。

● ECDH鍵共有

　楕円曲線を用いたDH鍵共有が**ECDH鍵共有**です。予めECDHPを解くのが困難な楕円曲線と点Pを決めておきます。

1. アリスは自分だけの秘密の値aを決めてA = aPを計算してボブに渡します。
2. ボブも自分だけの秘密の値bを決めてB = bPを計算してアリスに渡します。
3. アリスはボブからもらったBからs = aBを計算します。
4. ボブもアリスからもらったAからs' = bAを計算します。

　aB = a(bP) = abP, bA = b(aP) = abPが等しいのでs = s'となりこれを二人の秘密の数として共通鍵暗号の秘密鍵などに利用します。攻撃者がこの通信を盗聴してもsを求められないので安全です。有限体のDH鍵共有での「A = g^a mod p」や「$(g^a)^b \equiv (g^b)^a \pmod p$」が楕円曲線では「A = aP」や「b(aP) = a(bP)」に対応しています。

■ ECDH鍵共有

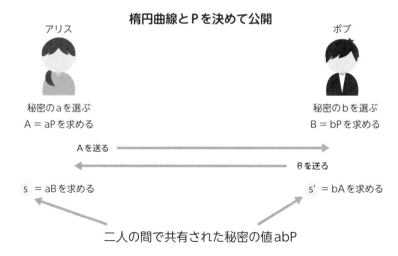

● 楕円曲線暗号の特長

　ここまでで楕円曲線を用いた鍵共有の方法を紹介しました。他に楕円曲線を用いて公開鍵暗号を構成したり、次章で解説する署名に利用したりします。広義の「楕円曲線暗号」は楕円曲線を用いた暗号技術全般を指します。共通鍵暗号や公開鍵暗号のように暗号の機能を表している名称ではないのでご注意ください。

　楕円曲線暗号は、RSA暗号やDH鍵共有に比べて鍵を小さくできるという利点があります。鍵が小さいので一般的に暗号処理も高速になります。

　安全性のおさらいをすると、共通鍵暗号はブルートフォース法（全数探索）しか攻撃が無いときが一番安全で、鍵長がnビットのとき、nビットセキュリティの安全性があるというのでした（sec.06）。

　それに対して、共通鍵暗号以外の暗号技術にはブルートフォース法よりも効率のよい攻撃方法が存在する場合が多いです。そこで、その暗号技術に対する最もよい攻撃方法のコストが共通鍵暗号のnビットセキュリティに相当するように調整したときnビットセキュリティの安全性があるといいます。したがってその鍵サイズはnよりも大きくなります。

　たとえばRSA暗号やDH鍵共有への攻撃はブルートフォース法よりも効率のよい方法が存在します。現在、素因数分解や離散対数問題DLPを解く一番効率のよい方法は**数体ふるい法**です。数体ふるい法は**準指数時間**アルゴリズムと呼ばれる、多項式時間よりは効率は悪いけれども指数時間ほどはかからないアルゴリズムです。より正確には整数xの素因数分解の計算量は$O(\exp(c \, (\log x)^{1/3} (\log \log x)^{2/3}))$と評価されています（ここでcはxが大きいときに、ある定数に近づく値です）。素因数分解とDLPは別の問題なのですが、たまたま同じ攻撃手法を適用できることが知られています。

　そのためRSA暗号やDH鍵共有で、現在標準的に利用される128ビットセキュリティを確保しようとすると数千ビットの秘密鍵が必要になります。

　ところが2021年時点で数体ふるい法のような、ECDHPやECDLPを解く効率のよい方法は見つかっていません。一番効率のよい攻撃アルゴリズムは$O(\sqrt{2^n})$であるため、nビットセキュリティを確保するには秘密鍵が2nビットあれば十分です[51]。もちろん、他の暗号技術の計算量評価と同様に、今日

誰かが高速なアルゴリズムを見つけるかもしれないというリスクはあります
が、今のところ安全と考えられています。現在は128ビットセキュリティ相当
の256ビット楕円曲線暗号が広く使われています。

■ RSA暗号、楕円曲線暗号、共通鍵暗号が同じ安全性となる鍵長の比較

暗号方式	ビット数				
RSA暗号	1024	1219	2048	2832	11393
楕円曲線暗号	138	152	206	245	497
共通鍵暗号	72	80	108	128	256

富士通株式会社、株式会社富士通研究所『楕円曲線暗号とRSA暗号の安全性比較, 2010』2010年 p.11表11よ
り一部抜粋 [52]

> **まとめ**
>
> ▶ 楕円曲線は幾何学的にはドーナツの表面のような形をしてい
> る。
>
> ▶ 楕円曲線を用いた公開鍵暗号や署名・鍵共有などの総称を楕円
> 曲線暗号という。
>
> ▶ 楕円曲線暗号はRSA暗号や有限体上のDH鍵共有などに比べて
> 秘密鍵を小さくしても安全である。

24 中間者攻撃

（EC）DH鍵共有や公開鍵暗号は、通信経路を盗聴するだけの受動的な攻撃者に対しては安全でした。しかし盗聴するだけでなく通信を改竄する能動的な攻撃者に対しては安全とはいえません。

● ECDH鍵共有への中間者攻撃

　まずECDH鍵共有をおさらいします。アリスとボブが楕円曲線とその点Pを公開パラメータとして共有します。次にアリスとボブがそれぞれ秘密の値aとbを決めて互いにA=aPとB=bPを計算してAとBを相手に送り、二人は秘密の値abPを共有するのでした。

　ECDHPを解くのが困難という仮定の元で、攻撃者が通信を盗聴しても公開パラメータPと盗聴したAとBから共有された値を求められないので安全なのでした。しかし、ここで攻撃者がそれらの値を次のように改竄したとしましょう。

　攻撃者は適当な値cを用意します。アリスが送ったAの代わりに自分で作ったC=cPをボブに送り、ボブが送ったBの代わりにCをアリスに送ります。

■ ECDH鍵共有への中間者攻撃

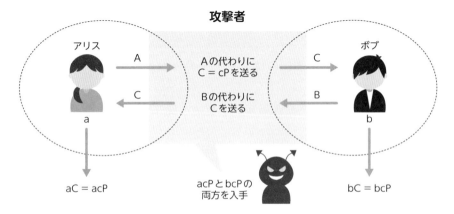

するとアリスとボブは二人の間で鍵共有ができたと思っていたら、実はアリスと攻撃者、攻撃者とボブのそれぞれ間で鍵共有をしていたのです。つまりアリスとボブが共有できたと思っている秘密の値はそれぞれs=acPとs'=bcPと異なる値です。そして攻撃者はそのどちらの値も計算できるのです。

秘密の値が攻撃者に知られているので、その後その値を使って暗号文を作っても攻撃者は復号できます。たとえば、アリスがs=acPを秘密鍵として平文mを暗号化して暗号文をボブに送ると、攻撃者はその暗号文を秘密鍵sで復号して平文mを読み、次にその平文mを秘密鍵s'=bcPで暗号化してボブに送ります。するとボブは秘密鍵s'で復号できるのでアリスと秘密の通信ができていると思ってしまいます。

■ 中間者攻撃された状態で暗号通信を行う

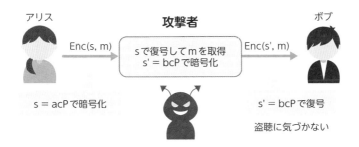

このように、二人の間に入って攻撃をすることを**中間者攻撃**MITM（Man-In-The-Middle）といいます。今はECDH鍵共有を例にしましたが、有限体上のDH鍵共有も同様にMITMができます。

● 公開鍵暗号への中間者攻撃

この問題は公開鍵暗号でも同様に発生します。公開鍵暗号の最初のステップは作成した公開鍵を相手に渡すことでした。その段階で経路に攻撃者が介入し、公開鍵をすり替えるのです。

アリスやボブが互いに公開鍵AやBを渡す通信経路に介在して彼らの公開鍵の代わりに自分の公開鍵Sを送ります。そうすると互いに相手の公開鍵と思っ

ているSで暗号化して送るので攻撃者は自分の秘密鍵で復号できます。そのまま本来の相手の公開鍵で暗号化して渡せば盗聴されていることが分かりません。

■ 公開鍵暗号への中間者攻撃

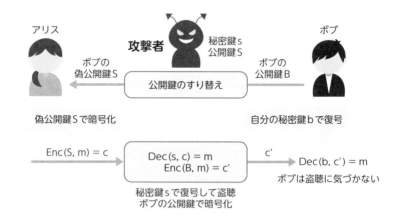

　このように、鍵共有や公開鍵暗号では、公開情報や公開鍵を正しく相手に渡せばそれ以降の通信は安全にできるのですが、その前提が崩れると安全ではないのです。（盗聴はされてもよい）情報が改竄されることなく相手に正しく伝える仕組みが必要です。この問題の対処方法は認証局（sec.33）のところで紹介します。

✏️ まとめ

- ▷ (EC)DH鍵共有や公開鍵暗号は盗聴されるだけの通信経路に対しては安全である。
- ▷ しかし改竄まで行われる可能性のある通信経路に対しては安全とはいえない。
- ▷ 通信途中で改竄して攻撃する方法を中間者攻撃MITMという。

5章

▼

認証

通信内容の秘匿性を保証するのが暗号です。それに対して認証は通信相手が確かにその人であることを保証します。そのためには通信内容が改竄されていないことも検証されなくてはなりません。書類に押す判子の代わりに利用される署名やタイムスタンプ技術、その応用であるブロックチェーンについて解説します。

25 ハッシュ関数

ハッシュ関数は世の中にあるあらゆるデータに対して、相異なる識別子を割り振る仕組みです。ハッシュ関数は認証や署名などに必須の要素技術です。

● 指紋とハッシュ関数

指紋認証や静脈認証などの生体認証技術は、生体情報からその人固有の特徴量を取り出し、予め登録された値に一致するかを照合する技術です。この技術は双子であっても異なる値になり、またその特徴量は容易に複製されないことを前提にしています。

同様のことをコンピュータで行うには、まず様々なデータにそれぞれ固有の識別子を対応させなければなりません。人間の場合はせいぜい100億種類を識別できればよいのですが、世の中にあるデータは簡単には数えられないぐらいたくさんあり、しかも日々増えています。そのような膨大な種類のデータに対して全て相異なる識別子を簡単に割り当てる仕組みが**ハッシュ関数**です。

■ 生体情報とハッシュ関数

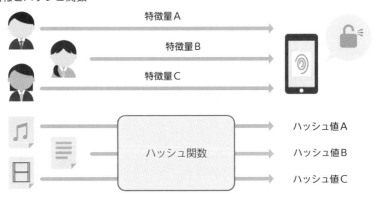

ただし、データ自体は容易に複製できます。したがって、生体認証のように

ハッシュ関数そのものがデータの認証になるわけではなく、ハッシュ関数と別の技術を組み合わせて認証に使います。詳細は署名（sec.29）で紹介します。

● ハッシュ関数とは

ハッシュ関数とは文章や画像・動画などの任意のデータから、予め決められた範囲内の値を計算する関数です。ハッシュ関数は決定的アルゴリズムなので同じデータを入力すると常に同じ値が得られます。その出力値をデータのハッシュ値といいます。

ハッシュ関数はプログラミング言語における連想配列や、データベースの検索などでも使われます。ただし暗号で使うハッシュ関数は特別な性質を持っていなければなりません。通常のハッシュ関数と区別するときは暗号学的ハッシュ関数といいます。本書では、暗号学的ハッシュ関数をハッシュ関数と表記します。ハッシュ関数はデータの正しさの保証や改竄検知に使うため、次の性質が求められます。

出力サイズが一定

たとえば後で説明する**SHA-256**というハッシュ関数は、入力が1バイトであろうと4ギガバイトのデータであろうと出力のハッシュ値はいつも256ビットです。基本的に、ハッシュ値のサイズより大きなデータはデータが欠損しているので、ハッシュ値から元のデータを復元できません。ハッシュ値を求めることを「暗号化する」というのは誤った用法なので注意してください。

一方向性

データのハッシュ値が与えられたときに、元のデータを見つけるのが難しい性質。一方向性は、ハッシュ値だけ与えられても元のデータ（原像）の情報は得られないということを意味します。原像計算困難性ともいいます。鍵共有やRSA暗号で登場する一方向性関数と同じ性質です。

衝突困難性

何でもよいから異なる2個のデータで同じハッシュ値になるものを見つける

のが難しい性質。これは計算できる範囲において、異なる全てのデータは全て異なるハッシュ値になることを意味します。

たとえば離れたところに2個の大きなデータがあり、そのデータが一致しているかを確認したいとします。比較するために、わざわざデータを転送しなくても、それぞれのデータのハッシュ値を計算し、ハッシュ値だけ転送して一致すれば同じだと判断できます。データが1ビットでも違うとハッシュ値が異なり、全く別のデータのハッシュ値がたまたま一致することは（無視できる確率を除いて）ありえないからです。

■ ハッシュ関数を使ったデータの比較

誕生日パラドックス

SHA-256は256ビットのハッシュ値なのでハッシュ値の種類は最大2^{256}通りです。入力はそれ以上のサイズのデータでも構わないので入力の種類は2^{256}よりもずっと大きいです（たとえば1000ビットのデータなら2^{1000}通り）。したがって、理論的には同じハッシュ値になるようなデータは必ずたくさん存在します。

確実に存在するのに具体的にそのデータを見つけるのが困難であるというのが衝突困難性の意味するところで、衝突困難性は次の性質を含んでいます。

第二原像計算困難性

あるデータが与えられたときにそのハッシュ値と同じハッシュ値になる別のデータ（第二原像）を見つけるのが難しい性質。一見衝突困難性と似ているよ

うに見えますが、衝突困難性と違い、こちらは狙ったハッシュ値になるデータを見つけるのが難しいという主張です。

　学校のクラスの中で自分と同じ誕生日の人を見つけるのが第二原像計算、ハッシュの衝突はクラスの中で誕生日が同じ人の組を見つけることに相当します。n=40人のクラスで確率を求めてみます。前者は少なくとも一人は自分と同じ誕生日の人がいる確率、すなわち「残りのn−1人が自分と異なる誕生日である確率」を１から引けばよいので、$1-(364/365)^{40-1} \fallingdotseq 10\%$ です。後者は「全員が異なる誕生日である確率」を１から引けばよいので $1 - (364/365)(363/365)\cdots((365-40+1)/365) \fallingdotseq 89\%$ です。

■ 第二原像と衝突の違い

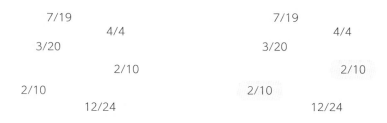

自分2/14

| 第二原像 自分と誕生日が同じ人を探すのは困難 | 衝突 誕生日が同じ人の組を探すのは容易 |

　経験的に、自分と同じ誕生日の人が見つかる確率が小さいと知っているのに対して、誕生日が同じ人の組を見つけるのは意外と簡単なのです。この感覚の違いを**誕生日パラドックス**といいます。つまり、衝突を見つける方が第二原像を見つけるよりもずっと簡単なのです。

　理想的なハッシュ関数の安全性はハッシュ値のサイズで決まります。ハッシュ値のサイズがnのとき、第二原像計算困難性を破るには最大2^n種類のデータに対して、一つ一つハッシュ値を求めて探すので計算量は$O(2^n)$です。

　衝突困難性を破るのに必要なコストは次のように見積もります。N種類のデータがあるとき、そこから適当にM個取り出した中に同じハッシュ値になるものがある確率を考えます。慣習的にその確率が50%を超えると見つかっ

たと判断し、そのようなMを求めるとMは約$\sqrt{N}$となります。つまり2^n種類のデータなら計算量は$O(\sqrt{2^n})=O(2^{n/2})$です。SHA-256は256ビットのハッシュ値なので128ビットセキュリティです。

ハッシュ関数の歴史

主なハッシュ関数の歴史を以下にまとめました。

■ 主なハッシュ関数の歴史

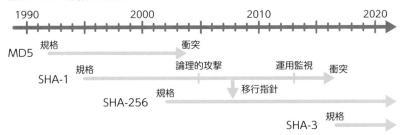

MD5は1992年に規格が登場してから12年で衝突困難性が破られました[53]。**SHA-1**は1995年に登場してから理論的な攻撃可能性が提案されるまでに10年、それから実際に利用停止されるまで更に10年以上かかりました。2017年にSHA-1の衝突困難性が破られた話は次項で紹介します。SHA-256は後発だけあって、登場から18年経っていますが今のところ問題のある脆弱性は見つかっていません。SHA-3はSHA-1やSHA-256と異なる方式を採用することでそれらが攻撃された際の代替物として作られました。

パスワードとハッシュ関数

前項でハッシュ値から元のデータを復元できないという一方向性の説明をしました。これは元のデータの候補が十分あるとき（2^{128}以上）のみ成立することに注意してください。たとえば、あるデータのSHA-256によるハッシュ値が

5e884898da28047151d0e56f8dc6292773603d0d6aabbdd62a11ef721d1542d8

だったとします。このとき「元のデータは "abc", "password", "qwert" のいずれかである」という情報があれば、これらのデータのSHA-256のハッシュ値を順

に計算し一致するものを探せば分かってしまいます。実際、上記ハッシュ値を https://hashtoolkit.com/decrypt-sha256-hash/ などのサイトに入力すると元の データが "password" だと表示されます。与えられたハッシュ値から元の値を 見つけるのは難しいのですが、特定の候補の中からマッチするものを見つける のは、その候補の数が少なければ容易です。

パスワードによく使われる単語というのはせいぜい数十万ですから、その一 覧にあるとハッシュ値だけからすぐばれてしまいます。

携帯電話番号をサーバに保存する例を考えましょう。SHA-256 のハッシュ 値のみを保存することにしました。ある番号のハッシュ値が

5d04862a96bd5c5493fc2d2958d786a7ed318bf4c38e9c13d41e9be5813cef28

だったとします。これから元の番号を求めるにはどれぐらいの時間がかかるで しょうか。携帯番号ですから最初の3桁は現在070, 080, 090の3種類です（近 い将来060などが増えるそうです）。残りは8桁なので番号は最大3億種類で す。最近のCPUでは1秒間にSHA-256を1000万回程度計算できます。すると 全部の番号を試して上記ハッシュ値になるものを探すのに1分もかかりませ ん。高性能なGPUでは1秒間に80億回以上SHA-256を計算できるので全部 チェックするのに1秒もかかりません。電話番号のSHA-256によるハッシュ 値を保存するのは安全性に関して何の意味もないことが分かります。

パスワードが英数8文字だったとします。その1文字あたりアルファベット 26文字の大文字・小文字で52種類、数字10種類を合わせて62種類です。す ると8文字の全パターン数は$62^8 \fallingdotseq 200$兆通り。高性能GPUだと8時間ほどでハッ シュ値の全数探索できます。

これがパスワード12文字になると3×10^{21}通りで8文字のときの$62^4 \fallingdotseq 1400$ 万倍時間がかかり、流石にちょっとやそっとでは探索できなくなります。

なお、この数値の感覚は、ハッシュ関数の種類にほとんど関係ないことに注 意してください。安全ではないMD5やSHA-1を使おうと、より安全とされる SHA-3を使おうと探索されて見つかるのは同じです。ハッシュ前の候補数が少 ないと復元できてしまいます。

2021年4月、AppleのiPhoneなどの端末でデータを共有するプロトコル AirDropの脆弱性が公開されました[54]。AirDropは電話番号やメールアドレス のSHA-256によるハッシュ値を送信していたのでハッシュ値から元の情報を

復元できます。メールアドレスの探索は電話番号ほど簡単ではありませんが、「名前＠サービス名」のパターンで探すなどの攻撃が可能です。

● パスワードの安全な保存方法

Webサイトのパスワードを平文のまま保存するのは論外ですが、前節のように単純にSHA-256の結果を保存しているだけでも安全ではありません。弱いパスワードに対応するハッシュ値が漏洩するとすぐ元のパスワードが判明してしまうからです。レインボーテーブルというデータ構造を用いて、元のパスワードを効率よく探す攻撃（**レインボーテーブル攻撃**）があります。またユーザの中に同じパスワードを使っている人がいるとそのハッシュ値も同じになるのでそれも判明します。

対策としては、同じパスワードであっても異なるハッシュ値となるように、ユーザごとに異なる乱数（**ソルト**という）を準備し、パスワードとソルトの組のハッシュ値を保存するようにします。ソルトはハッシュ値と同じところに保存します。こうするとソルトとハッシュ値を見るだけでは、どれが同じパスワードかは分かりません。またレインボーテーブル攻撃に対する耐性ができます。

次にハッシュ値のハッシュ値をとる操作を何度も繰り返す**ストレッチング**という手法があります。こうすると、攻撃する側に必要な時間がストレッチングの回数倍となるので攻撃耐性が向上します。

● ファイルのパスワード暗号化

ファイル保護のためにパスワードを付けて暗号化することがあります。この場合、攻撃者は暗号化されたファイルを入手すると、パスワードの辞書攻撃や全数探索を試みます。それはパスワードの保存と同様の状況なので、全数探索に対して安全でなければなりません。パスワードベースの暗号化仕様を定めた**PKCS#5** Password-Based Cryptography Specificationでは、**PBKDF2**（Password-Based Key Derivation Function 2）という鍵導出関数の利用が推奨されています。PBKDF2はソルトsとパスワードpに対してHMAC（p.162）を繰り返し適用して暗号化に使う鍵hを生成します。Microsoft Officeのパスワード暗号化方式は

PBKDF2ではありませんが、128ビットソルトを用いて**SHA-512**の10万回ストレッチングをしています。

■ PBKDF2

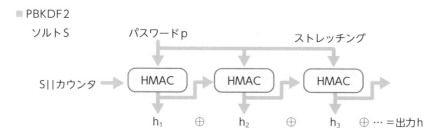

ソルトS　　　　　パスワードp　　　　　　　　ストレッチング

S || カウンタ → HMAC → HMAC → HMAC →

h_1　⊕　h_2　⊕　h_3　⊕ … ＝出力h

　最近ではGPUや専用ハードウェアによるハッシュ関数の計算能力が増大しているため、その対策も考慮したPBKDF2以外の方式がいろいろ提案されています。2015年のパスワードハッシュの競技会ではGPUによる攻撃耐性のあるハッシュ関数**Argon2**が優勝しました[55]。

　なお、ファイルをパスワード付き暗号化ZIPファイルにして相手にメールで送るとき、そのパスワードを続けて別のメールで送る方法があります。2016年に大泰司氏が「Password付きzip暗号化ファイルを送る / Passwordを送る / Aん（暗）号化 / Protocol」を略して**PPAP**と名付けました[56]。 メールにファイルを添付すると自動的にPPAPを行うシステムもあります。

　しかし、もしメールが盗聴されていることを想定しているなら、同じ経路のメールでパスワードを送るのはセキュリティ的に意味がありません。またファイルが漏洩したときの対策としては、短いパスワードを付けても安全ではありません。添付ファイルがウイルスやマルウェアに感染していないかの監査ができなくなる弊害もあります。2020年11月には内閣府でPPAPを廃止するという発表を受け、民間企業でも追従する動きが広がっています[57]。

まとめ

▷ **ハッシュ関数は全てのデータに異なる識別子を与える。**

▷ **衝突困難性の安全性はハッシュ値のビットの半分である。**

▷ **パスワードのハッシュ値をそのまま保存すると安全ではない。**

26 SHA-2 と SHA-3

SHAは「Secure Hash Algorithm」の略で、SHA-2は現在最もよく使われている暗号学的ハッシュ関数の一つです。SHA-3はSHA-2よりもより高い安全性を目指して設計されたハッシュ関数です。

● SHA-2

SHA-2は2001年NISTが標準化したハッシュ関数です。ハッシュ値のサイズは224, 256, 384, 512ビットから選べ、SHA-224, SHA-256などと表記します。現在SHA-256が広く使われています。

SHA-2のアルゴリズムは次の通りです。SHA-224とSHA-256、およびSHA-384とSHA-512は内部動作がほぼ同じです。まずSHA-256について説明します。

まず入力データを512ビットごとのブロックに分割します。次にブロックの余り（無いときもあります）に続けてデータの終了を示す1ビットの1を追加します。続いて0を余りのサイズが（512で割った余りが）448ビットになるように追加します。最後に元の入力データのサイズを64ビット整数の形式で追加して全体が512ビットの倍数になるように調整します。この操作をパディングといいます。図ではそのブロックをpaddingと書くことにします。

■ SHA-256のデータの分割とパディング

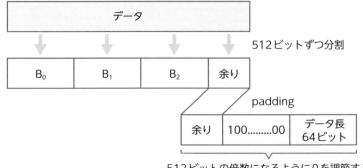

150

入力データをブロックに分割したら、次に8個の32ビット整数からなる256ビットの内部状態Sを準備します。それから内部状態SとブロックBを入力とし、新しい内部状態S'を出力する**圧縮関数**fと呼ばれる関数も準備します。

　そして内部状態Sを初期値IVで初期化し、各ブロックB_iを入力して順次内部状態を更新します。全てのブロックを入力して得られた最後の内部状態をハッシュ値hとして出力します。この構成方法は、**マークル・ダンガード**（Merkle-Damgård）構成と呼ばれ、MD5やSHA-1などのハッシュ関数でも使われています。

■ マークル・ダンガード構成

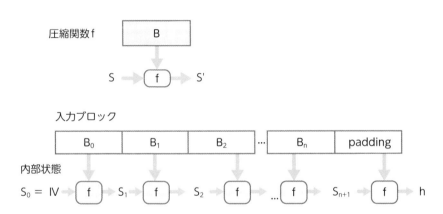

　圧縮関数fの概要は次の通りです。

1. まず512ビットのブロックを16個の32ビット整数に分割します。
2. そしてビット回転（p.079）、ビットシフトや排他的論理和を組み合わせた関数を用いて64個の32ビット整数Wに増やします。
3. 整数Wと内部状態Sに対して複雑なビット演算Fを64回適用して新しい内部状態S'を出力します。

　圧縮関数fの内部で使われるビット演算Fの詳細は省略します。詳細はFIPS 180-4などを参照ください[58]。

■ SHA-256の圧縮関数 f

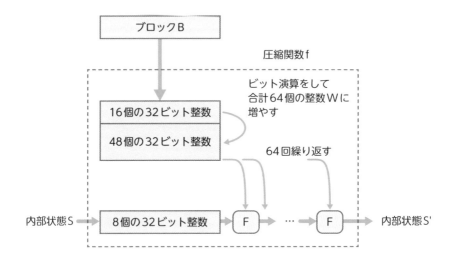

SHA-512は8個の64ビット整数を内部状態として持ちます。SHA-256と同様の処理を行いますが、計算は64ビット整数として扱います。複雑なビット演算を80回適用します。64ビットCPUで大きなデータを扱うときはSHA-256よりもSHA-512の方が高速に計算できます。これは分割するブロックが1024ビットずつでSHA-256の2倍あり、512ビットあたりのビット演算の回数が80/2=40とSHA-256の64回よりも少なくなるからです。

● SHA-3

NISTがSHA-2に代わるハッシュ関数のコンペティションを開催し、2012年、**Keccak**と呼ばれるハッシュ関数が選ばれました。そして、2015年Keccakが標準規格として**SHA-3**になります [59]。

SHA-2と同様、ハッシュ値のサイズは224, 256, 384, 512ビットから選べます。SHA-3はそれまでのSHAシリーズやMD5などの**マークル・ダンガード構成**ではなく**スポンジ構造**と呼ばれる仕組みを採用しています。そして入力データをスポンジに入れる**吸収フェーズ**（absorbing）とスポンジからデータを取り出す**搾取フェーズ**（squeezing）からなります。

吸収フェーズ

SHA-3ではハッシュ値のサイズに関わらず、1600ビットの内部状態Sを持ちます。そして内部状態Sを攪拌（かくはん）する**置換関数**fがあります。置換関数fもハッシュ値のサイズに関わらず同じです。

ハッシュ値のサイズが256ビットのSHA-3-256では入力データを$r = 1088$（$=1600 - 256 \times 2$）ビットのブロックに分割します。最後の余りのブロックに1で始まり途中が0で最後が1で終わるビットを追加してrの倍数になるようにパディングします。

■ SHA-3-256のデータの分割とパディング

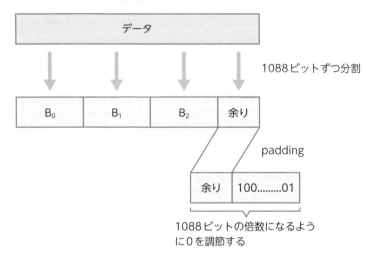

内部状態の初期値は全て0の値S_0です。その先頭rビットと分割した最初のブロックB_0と排他的論理和をとり内部状態S'_0にします。それを置換関数fに入力して内部状態S_1とします。この内部状態S_1と次のブロックB_1を使って同様の処理をして新たな内部状態S_2を作ります。これをブロックの数だけ繰り返します。SHA-2に比べて内部状態が大きく、その中にブロックを入れてかき混ぜるのでスポンジ構造と呼ばれます。

■ 吸収フェーズ

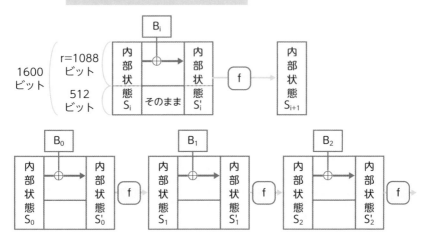

ブロックBᵢに関する吸収フェーズ

置換関数fの内部では、1600ビットの内部状態を5×5×64ビットの直方体に配置します。そして直方体の縦、横、高さそれぞれについて複雑なビット演算からなるいくつかの置換関数を適用します。この操作を24回繰り返します。詳細はFIPS 202などを参照ください [60]。SHA-256やSHA-512と異なり、内部状態が大きいので繰り返し回数が少ないです。

搾取フェーズ

吸収フェーズが終わったら搾取フェーズです。これは単に最終内部状態の先頭256ビットを取り出してそれをハッシュ値とするだけです。

■ 搾取フェーズ

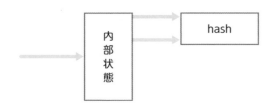

● 安全性

ハッシュ関数（sec.25）で説明したように、理想的なハッシュ関数の安全性はハッシュ値のサイズ（＝セキュリティビット×2）で決まります。したがって、SHA-256とSHA-3-256の理想的な安全性は同じです。SHA-256の安全性を解析するときは、ラウンド数（圧縮関数fの中のビット演算Fの繰り返し回数）を減らした形で考えます。ビット演算Fの回数を減らすとかき混ぜ具合が減って解析しやすくなるからです。2011年にラウンド数を46回に減らして衝突を見つけた報告がありますが、2020年の時点でフルラウンド（オリジナルの64回を指す）に対する現実的な攻撃は見つかっていません[61]。

128ビットセキュリティの安全性を持つシステムを設計するなら、共通鍵暗号は128ビット以上、ハッシュ関数は256ビット以上でなくてはなりません。相互運用の実績からSHA-256が選ばれることが多く、ビットコインでもSHA-256が使われています。

まとめ

- **SHA-2は広く利用されている暗号学的ハッシュ関数である。**
- **SHA-3はSHA-2の後継として開発された。**
- **SHA-2はマークル・ダンガード構成、SHA-3はスポンジ構造を採用している。**

27 SHA-1 の衝突

2017年、オランダ国立情報数学研究所CWI（Centrum Wiskunde & Informatica）とGoogleのチームは SHA-1の衝突困難性を破り、ファイルのSHA-1の値は同じなのに、異なる内容を表示する2個のPDFを作成しました。

● SHA-1への攻撃の歴史

SHA-1のハッシュ値は160ビットなので理想的には80ビット安全性のはずですが2005年に提案された攻撃法により63ビットまで下がりました。国家レベルの安全性は80ビットでも不十分とされるので、これでは全然安全とはいえません。とはいえ、理論的に分かっていることと実際に破ることは別です。

当初の想定より時間が掛かりましたが、2017年CWIとGoogleのグループが6500年分の単一CPUと110年分の単一GPUの計算リソースを使ってSHA-1の衝突困難性を破りました [62]。なお、その後も攻撃方法の改良は進み、2020年のガイタン（Gaëtan）とトーマス（Thomas）は900個のNVIDIAのGeForce GTX 1060を2カ月動かして4万5千ドルで攻撃しました [63]。

■ https://shattered.io/ の画像を引用

● 衝突したPDFとSHA-1のアルゴリズム

　衝突困難性を破るというのは、何でもよいから異なる2個のデータで、ハッシュ値が同じものを見つけることです。2個のデータを意図的に選ぶことはできないため、衝突したデータが両方ともたまたまPDFだった、ということはありえません。それでは彼らはどのようにしてこのような2個のPDFを作ったのでしょうか。

　彼らが作成した2個のPDFを見ると、ファイルサイズはどちらも422435バイト、データが異なるのは先頭から192バイト目から128バイト中のたった62バイトでした。

■ 衝突した2個のPDFの違い

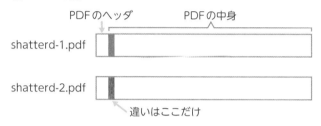

　差分が小さいことに驚かれたでしょうか。その違いで異なる画像を表示する方法を説明する前にまずSHA-1を簡単に紹介します。SHA-1はSHA-2（p.150）と同じくマークル・ダンガード構成です。入力データを512ビットのブロックB_iに分割し、余りをパディングします。内部状態Sを初期値IVから始めて圧縮関数fを各ブロックB_iに適用して内部状態を更新し、最後にハッシュ値hを出力します。

　2個の異なるデータのSHA-1の処理を考えます。ある時点で異なる内部状態S_tとS'_tに対して、異なるブロックB_tとB'_tを圧縮関数fに適用して内部状態が衝突して同じS_{t+1}になったとします。それ以降同じブロックを圧縮関数fに適用すると内部状態は衝突したまま最後のハッシュ値も同じになります。つまり2個のPDFの先頭から192バイト目で内部状態を衝突させて、それ以降は同じデータを自由に配置しているのです。したがって、衝突困難性を破るのはその異なる部分に専念すればよいのです。

■ 途中で衝突したSHA-1

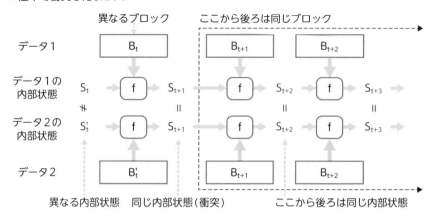

◉ 衝突困難性の破り方

内部状態を衝突させる部分をもう少し詳しく見ましょう。2個のPDFの最初は同じデータなので同じ内部状態S_0です。それに対してデータ1にはブロックB_0, B_1を、データ2にはブロックB'_0, B'_1を与えます。このとき内部状態S_1, S'_1の違いを小さくしつつ、次の内部状態が同じS_2になるブロックの組を探します。SHA-1特有の構造を利用してこのようなブロックを見つける効率的な方法を探求し、膨大なリソースを投入して衝突する組を見つけました。それが前の図「衝突した2個のPDFの違い」の「違いはここだけ」の部分です。

■ 2個のブロックで衝突する状態

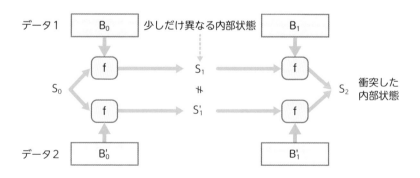

● PDFに2個のJPEGを埋め込む方法

衝突した2個のブロックを用いて異なる画像を表示する2個のPDFの作るには、まず2個のJPEG画像XとYを用意します。そして「もし先頭から192バイト目からのブロックが(B_0, B_1)ならX、そうでなければYを表示する」PDF1を作成します。そしてPDF1の(B_0, B_1)を(B'_0, B'_1)に置き換えてPDF2とします。PDF1とPDF2は同じハッシュ値なのに異なる画像が表示されます。

「もし〜なら〜を表示する」PDFを作成するためにJPEGのコメント機能を利用した巧妙なテクニックを使います。コメントとは日付やカメラの情報など画像には無関係な補助情報で、「FF FE ≪コメントの長さ≫ ≪実際のコメント≫」という形をしています。(B_0, B_1)の直前にコメントの始まりを示すデータを置きます。そうすると(B'_0, B'_1)に置き換えたとき、B_0とB'_0の最初のバイトが異なるのでコメントの長さが変わります。そして2個の画像XとYを互いのコメントの中に埋め込むように配置して一つのファイルを作るのです。

■ JPEGデータの混合

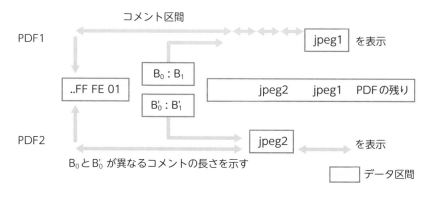

まとめ

▷ **2017年にSHA-1を衝突させて、異なる画像を表示する同一ハッシュ値を持つ2個のPDFが作成された。**

▷ **2020年の発表では500万円のリソースで衝突させた。**

28 メッセージ認証符号

メッセージ認証符号MAC（Message Authentication Code）とはデータの完全性
（integrity）を保証するための仕組みです。完全性とはデータが書き換えられたり壊れ
たりしていないことを表す性質です。

● MACのアルゴリズム

メッセージ認証符号 MAC はデータの完全性を示したいアリスと、受け取っ
たデータの完全性を確認したいボブの二人の間で使います。

■ MACのアルゴリズム

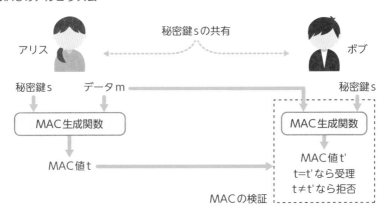

MACは次の手順で作成し、データの完全性を確認します。

1. 初期化：アリスとボブは事前に秘密鍵sを決めて共有しておきます。MAC生
   成関数を決めておきます。
2. MAC生成：アリスはデータmと秘密鍵sからMAC生成関数を使って**MAC値**
   （**認証子**あるいはタグとも）tと呼ばれる値を作り、データmと一緒にMAC値
   tをボブに送ります。

3. 検証 : ボブは共有しておいた秘密鍵sと受け取ったデータmからMAC生成関数を使ってMAC値t'を計算します。そのMAC値t'が一緒に送られてきたMAC値tと一致していればデータmを正常に受信できたとして受理 (accept)、そうでなければデータが不正として拒否 (reject) します。

　データmのサイズに関わらず、MAC値のサイズは一定です。2ギガバイトの動画でも、数バイトの小さな値でもMAC値のサイズは同じです。暗号化と異なり、MAC値から元のデータを復元できません。

　秘密鍵sの共有は一度行えば、秘密鍵が漏洩しない限り繰り返し使えます。

● 完全性と秘匿性

　完全性は秘匿性と直接関係がないことに注意しましょう。前項のようにデータmはそのまま送るので二人の通信を盗聴している人がいれば、そのデータを取得できます。秘匿性が必要な場合はデータmを暗号化してから送信しなくてはなりません。

　逆に、秘匿性が保たれているからといって完全性が保証されているわけではありません。暗号文の改竄 (sec.17) で紹介したように、データが暗号化されているからといって、中身が改竄されていないとは限らないのです。

■ 完全性と秘匿性

暗号技術 性質	秘匿性	完全性
共通鍵暗号	ある	無い
MAC	無い	ある

　秘匿性と完全性を同時に満足する方法は認証付き暗号 (sec.38) で紹介します。

● MACの安全性

　通信の安全性に必要なMACの要件について考えます。アリスとボブの通信に介在してデータを改竄したい攻撃者がいます。攻撃者は通信を盗聴してデー

タmとMAC値tの組(m,t)を入手できます。たとえば攻撃者は「1000円払う」というmを「1万円払う」というm'にしたいのです。そのためにmと同時にMAC値tも改竄して、ボブが(m',t')を受理するt'を作り出そうとします。そうさせないためには、まず(m,t)から秘密鍵sを見つけられてはいけません。秘密鍵sが分かると自分でMAC生成関数を使ってt'を作れるからです。

攻撃者は秘密鍵sを見つけられなくても、アリスとボブの通信を盗聴し続けてたくさんのデータとMAC値のペア(m_1, t_1), (m_2, t_2), ...を集められます。集めた情報を用いてアリスが一度も作ったことのないデータm'に対してボブが受理してしまう新しいペア(m', t')を偽造しようとするかもしれません。したがって、MACにはどれだけ正しいデータとMAC値のペアを集めても偽造できない性質が求められます。

■ MACに求められる性質

こんなことができてはいけない

● MACの構成法

MACにはハッシュ関数を使って構成する**HMAC**（Hash-based MAC）やブロック暗号を使って構成する**CMAC**（Cipher-based MAC）などの方式があります。HMACの一つ、ハッシュ関数SHA-256を使った**HMAC-SHA-256**の作り方を紹介します[64]。

SHA-256をHと表記します。説明を単純にするために秘密鍵sのサイズとMAC値のサイズを両方とも256ビットとします。定数C_1を16進数で36を32回繰り返した値3636...、定数C_2を16進数で5cを32回繰り返した値5c5c...とします。

まず秘密鍵sとC_1の排他的論理和をとり、後ろにデータmを連結します。そのハッシュ値h_1を計算します。次にsとC_2の排他的論理和をとったものに、今計算したh_1を連結したもののハッシュをとります。これがMAC値です。

$$h_1 = H((s \oplus C_1) \| m)$$
$$\text{HMAC-SHA-256}(s, m) = H((s \oplus C_2) \| h_1)$$

■ HMAC-SHA-256

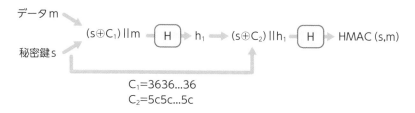

C_1=3636...36
C_2=5c5c...5c

このようにして作成したMACはハッシュ関数が安全である限り、偽造不可能になることが知られています。

ここで単に秘密鍵sとデータmを連結したもののハッシュ値$H(s \| m)$をそのままMAC値とするのではなく、2回ハッシュ関数を使うのが重要です。SHA-256のようなマークル・ダンガード構成によるハッシュ関数を使った場合、1回だけハッシュをとったh_1には**伸長攻撃**と呼ばれる偽造方法が知られています。安全ではないので使ってはいけません[65]。

まとめ

▷ **メッセージ認証符号MACは二人の間で秘密鍵を共有すること
でデータの完全性を保証する方法である。**

▷ **MACは完全性を保証するだけなので、秘匿性も必要な場合に
は別の方法と組み合わせる。**

▷ **HMACは2回ハッシュ関数を使うことで偽造不可能な安全性を
持つ。**

29 署名

デジタル署名は、ペンや判子を用いるアナログな署名をコンピュータで実現するための技術です。ただ、アナログな署名では実現できない性質を持っています。

● 紙の署名とデジタル署名

　普段、他人と契約するときには契約書に署名や捺印をします。筆跡や実印は他人が容易にまねできないとされています。したがって、書類や契約書に署名や捺印があると、本人が同意したとみなされます。

　しかし、電子化された書類に対して同様のことをしようとすると問題が起こります。デジタルデータは誰でも簡単にコピーできるので別の契約書に貼り付けるのも簡単です。これでは署名があるから、本人が同意したのだろうというロジックが成り立ちません。

　したがって、ある人がある電子データに同意した、あるいは作成したことを保証する別の仕組みが必要です。そこで考えられたのが**デジタル署名**や電子署名、あるいは単に**署名**と呼ばれる技術です。

　日常の文章に対する従来の署名ではサインや印影を偽造した犯罪を見聞きします。コピー技術の向上により、偽造はより容易になるでしょう。また近年では人が書類にサインしたり物理的に郵送したりするコストが問題視されています。

　しかし、デジタル署名された電子データは、その電子データとデジタル署名が強く紐付いています。データと署名の関係性をチェックするので、署名データだけ切り取って別の電子データに貼り付けても、それは不正と検出できます。電子データを送るのも簡単です。

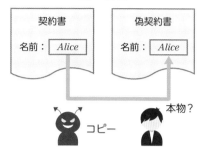

あるデータに対する正当な署名を作成できるのは本人だけです。したがって、あるデータと署名の組が正しいと判定されると、そのデータに能動的に署名したとみなされます。これが紙の署名の同意に相当する否認防止機能です。

また電子データと署名データのどちらかが1ビットでも異なると不正と判定できます。つまりデータの完全性の確認にも使えます。そのため、デジタル署名は、紙の上の署名よりも豊富な機能を持っています。

● 署名のモデル

署名は署名者アリスと、受け取ったデータの正当性を確認したいボブの二人の間で使います。

1. **鍵生成**：アリスは**署名鍵**sと**検証鍵**Sのペアを作成し、検証鍵Sを検証したいボブに渡します。署名鍵sは自分だけのもので誰にも見せてはいけません。検証鍵Sは誰が見てもよいので自分のホームページで公開しても構いません。

2. **署名**：アリスはある署名したいデータmに対して署名鍵sで検証に使うためのデータσを作成します。σを署名といいます。データmと署名σの組をボブに渡します。

3. **検証**：データと署名の組をもらったボブは、アリスから受け取った検証鍵Sを用いて検証し、正しい署名なら受理、不正な署名なら拒否します。

■ 署名のモデル

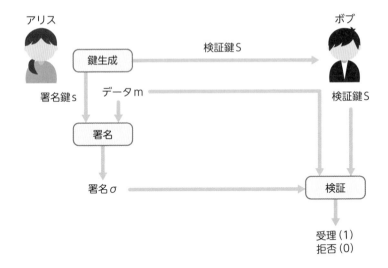

データmのサイズに関わらず、署名σのサイズは一定です。MACと同様、巨大なデータでも小さなデータでも署名は同じサイズです。

署名鍵sは秘密にしなければならないので秘密鍵、検証鍵Sは公開して他人が使うので公開鍵ともいいます。公開鍵暗号でも秘密鍵、公開鍵という言葉を使いますが、暗号化と異なり、署名σから元のデータmを復元できません。署名σを作ることを「暗号化する」というのは間違いですので使わないようにしましょう。

MACと同様、署名と一緒に受理されたデータは署名時のデータと同一であることを保証する完全性を持ちます。

● 署名の安全性

署名鍵を知らない他人が、勝手なデータに対して正当と判定される署名を偽造できてはいけません。MACと同様、ある人が署名したデータとその署名の組を攻撃者がたくさん集めても、そこから偽の署名を作れないことが求められます。この性質を**存在的偽造困難性 EUF**（Existentially UnForgeable）と呼びます。

■ 存在的偽造困難性

こんなことができてはいけない

5
認証

● MACと署名

MACと署名は非常によく似た性質を持っています。MACと署名の違いは
MACと署名を検証するときの鍵を秘密にしなければならないか、公開しても
よいかの違いです。この関係は共通鍵暗号と公開鍵暗号の対応に似ています。

■ 共通鍵暗号と公開鍵暗号の違い

方式 ＼ 鍵	暗号化に使う鍵	復号に使う鍵
共通鍵暗号	秘密	秘密（暗号と復号で同じ鍵）
公開鍵暗号	公開	秘密（暗号と復号で違う鍵）

■ MACと署名の鍵の扱い

方式 ＼ 鍵	署名に使う鍵	検証に使う鍵
MAC	秘密	秘密（署名と検証で同じ鍵）
署名	秘密	公開（署名と検証で違う鍵）

機能面に関しては、MACはMAC生成者と検証者が同じ秘密鍵を持っている

ので否認防止の機能を持っていません。「アリスがボブに1万円あげる」という文章に正しいMAC値がついていたとしても、アリスはそのMAC値はボブが自分で作ったのでしょうと主張できます。アリスとボブの二人ともが正しいMAC値を作れるからです。それに対して、その文章にアリスの正しい署名がついていたら、それはアリスしか作れないのでアリスは否認できません。

このようにみると署名はMACより多機能なので、いつでも署名を使えばよさそうに思えます。しかし、一般的にMACは署名よりも高速に処理できるという特長があります。そのため、MACの機能で十分で性能が要求されるときはMACが使われます。

なお、秘匿性のための公開鍵暗号**PKE**（Public Key Encryption）と、真正性のための署名はどちらも公開情報と秘密情報を組み合わせて扱います。そのような暗号技術全般をまとめて**PKC**（Public Key Cryptography）と呼び、日本語では公開鍵暗号と呼ばれることがあります。同じ「暗号」なので非常に紛らわしいのですが、署名はPKCに含まれますがPKEではありません。

■ 暗号技術の分類

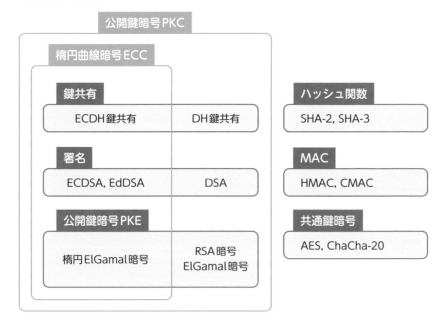

⊙ ECDSA

最近は有限体（p.110）上のDH鍵共有から、楕円曲線を用いたECDH鍵共有（p.135）への移行が進んでいます。署名も、有限体を用いた署名DSA（Digital Signature Algorithm）から楕円曲線を用いた**ECDSA**やEdDSA（p.219）への移行が進んでいます。ECDSAはビットコインでも使われていて、アルゴリズムの概要は次の通りです[66]。

セキュリティパラメータに応じて楕円曲線とその点Pでq倍すると原点Oとなるもの（qP=O）を選びます。qは256ビットや384ビットの素数です。hをSHA-256などのハッシュ関数とします。相互運用のやりやすさのため、通常同じパラメータが選ばれます。

1. 鍵生成：アリスが整数sをランダムに選び署名鍵（秘密鍵）とします。S=sPが検証鍵（公開鍵）です。
2. 署名：アリスはデータmに対して整数kをランダムに選び、点Pをk倍した点kPのx座標をrとします。σ =(r,(h(m)+sr)/k)がmの署名です。ここで加算や除算は有限体F_qで行います。
3. 検証：ボブは検証鍵S、データmと署名=σ (r, t)に対してR=(h(m)P+rS)/tを計算し、Rのx座標がrに等しければ受理、そうでなければ拒否します。

繰り返しますが「秘密鍵sで暗号化」していないことに注意してください。こちらも用語が紛らわしいのですが「楕円曲線暗号」は楕円曲線を用いた暗号技術（公開鍵暗号・鍵共有・署名など）の総称でありECDSAを含みます。しかしECDSAはあくまで署名であって、公開鍵暗号PKEではありません。

■ ECDSA

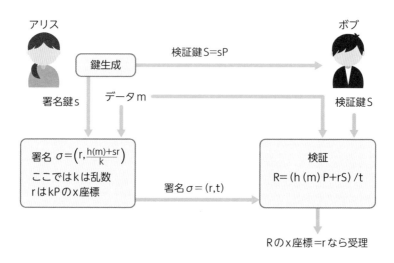

楕円曲線の点P

公開鍵認証

　公開鍵認証とは署名の検証鍵（公開鍵）を用いて本人確認する方法です。ソフトウェア開発プラットフォーム GitHub や遠くにあるコンピュータと安全に通信するプロトコル **SSH**（Secure SHell）などで利用されます [67][68]。方法は以下の通りです。

1. アリスは署名の鍵生成アルゴリズムを用いて署名鍵sと検証鍵Sのペアを作成します。
2. アリスは検証鍵Sをサーバに登録します。登録方法はツールやサーバによって異なります。ここまでの作業は一度だけ行います。
3. アリスがサーバに接続したいとき、DH鍵共有などを元にして生成された予測できない値（セッション識別子）vに対してアリスが署名鍵で署名し、その署名σをサーバに送ります。
4. サーバは値vと署名σをアリスの検証鍵Sを用いて検証し、本人確認します。

■ 公開鍵認証

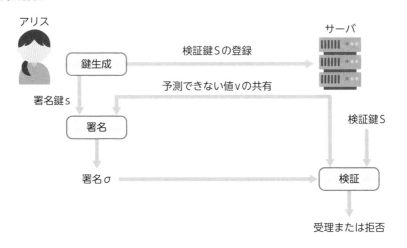

　予測できない値vを使うのは、攻撃者が署名σを盗聴してもリプレイ攻撃
（p.101）できないようにするためです。

　SSHではサーバを認証するためにアリスが初めてサーバにアクセスしたと
き、サーバの公開鍵をクライアントに登録するか確認します。安易に登録する
と、中間者攻撃（sec.24）を受けるリスクがあります。

⦿ FIDO

　FIDOは多要素認証を様々なサービスで使いやすくするための規格で、FIDO
アライアンスが規格策定や認定をしています[69]。認証器は指紋・虹彩・静脈・
顔などの認証機能と、認証用に用いる署名鍵の生成・署名機能を持ちます。更
にFIDOアライアンスが認定したことを示す**アテステーション**（attestation）も
持ちます。アテステーションの正当性はベンダーを含む信頼できる機関（FIDO
サーバ）の検証鍵で検証できます。

　FIDO2ではWebサービスから利用しやすい**WebAuthn**（Web Authentication）
の標準化が進められています[70]。WebAuthnではクライアントのアプリ・認
証器・WebAuthnを利用するサーバRP（Relying Party）・FIDOサーバが登場し
ます。サーバRPはFIDOサーバを兼ねることがあります。

認証器を用いて署名の検証鍵を登録するときの流れは大まかな次の通りです
[71]。

1. ユーザが登録依頼する。
2. RP サーバが FIDO サーバに認証器の登録依頼をする。
3. FIDO サーバが許可して**チャレンジ**と呼ばれる乱数データを送る。
4. RP サーバがチャレンジを送る。
5. 認証器が利用者を認証する。
6. 認証器が署名の鍵生成（s：署名鍵、S：検証鍵）をする。s は認証器の内部に
   安全に保存する。
7. 認証器がアテステーションの署名鍵で検証鍵 S やチャレンジに署名して署名
   σを返す。
8. FIDO サーバがアテステーションの検証鍵で署名 σ を検証する。
9. RP サーバが検証鍵 S を登録する。

■ WebAuthn の登録

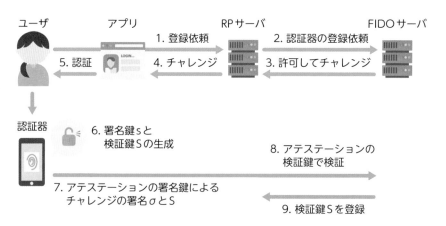

　登録が終わったら、Web サービスにログインするときの流れは次の通りです。

1. ユーザが認証依頼する。
2. サーバがチャレンジを送る。

172

3. 認証器が利用者を認証する。

4. 登録時の署名鍵sでチャレンジに署名して署名σ（登録時とは別物）を返す。

5. サーバが登録された検証鍵Sで署名σを検証する。

　公開鍵認証と似ていますが、DH鍵共有による予測できない値ではなく、サーバが生成したチャレンジに署名する点が異なります。

■ WebAuthnの認証

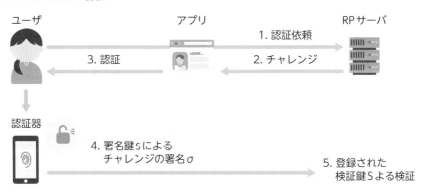

ユーザ　　　　　　　　　　アプリ　　　　　　　　　RPサーバ

1. 認証依頼

3. 認証　　　　　　　　　　2. チャレンジ

認証器

4. 署名鍵sによる
　　チャレンジの署名σ

5. 登録された
　　検証鍵Sよる検証

　認証は認証器内部で完了し、秘密情報が外部に出ないことが特長です。認証器はスマートフォンに組み込まれたものから、USBトークンのような別途持ち運べる形になっているものなど様々な製品があります。

✏️ **まとめ**

▷ デジタル署名は秘密の署名鍵を用いてデジタルデータに対する署名を作る。

▷ 公開されている検証鍵を使って誰でもその署名の正しさを確認でき、否認防止にも利用できる。

▷ デジタル署名は暗号化ではない。「復号」することもできない。

30 サイドチャネル攻撃

サイドチャネル攻撃（side-channel attack）とは、暗号装置が実際に動作しているときの状況を外部から観察して解読する攻撃です。電流・時間・音声・電磁波など様々な方法が考えられています。ここではいくつかの例を紹介します。

● 電力解析攻撃

ICカードは名刺サイズの薄くて小さいカードにプロセッサやメモリが組み込まれたデバイスです。キャッシュカードやクレジットカード・パスポートなど機微情報を扱うカードとIDカードが統合されて署名・認証などの暗号技術を処理するタイプも多いです。**セキュリティトークン**は認証に用いられるデバイス一般を指し、ICカード型・USB型など様々な形があります。FIDO2で使われる認証器も含まれます。

攻撃者はそれらのデバイスを分解したり、動作させたりしながらその情報を抜き取るサイドチャネル攻撃を試みます。したがって、デバイスはそのような攻撃を防御する耐タンパー性を持たなければなりません。

FIPS PUB 140-2（や後続の3）ではデバイスに関する安全性要件をレベルに応じて定義しています。正しく実装されていることはもちろん、攻撃されていることの検知や、温度や電圧が規定外になっても確実にデータを消去することなどがあります [72]。

たとえば楕円曲線を用いた署名を考えてみましょう。公開鍵の算出や署名をするときに、楕円曲線のある点Pを秘密の数s倍してsPを求める必要があります。ベキ乗の計算方法（p.104）と同様に、点Pから2P, 4P, 8P, ... を計算しsを2進数表記して1が立っている部分を足し合わせて計算できます。しかし、この方法を使うと計算中の足し算部分の電力消費やノイズの発生パターンから元のsの情報を推測できる場合があります。これを特に**電力解析攻撃**といいます。

そのため秘密鍵を用いた計算は、**サイドチャネル攻撃**を受けないよう電力消費パターンが一定になるアルゴリズムを用いなければなりません [73]。

■ 100Pの求め方と電力解析攻撃

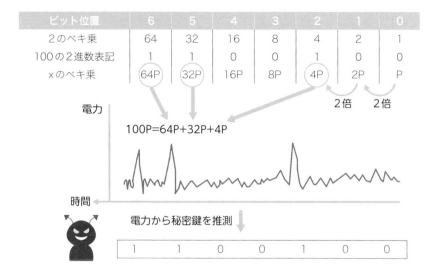

ビット位置	6	5	4	3	2	1	0
2のベキ乗	64	32	16	8	4	2	1
100の2進数表記	1	1	0	0	1	0	0
xのベキ乗	64P	32P	16P	8P	4P	2P	P

100P=64P+32P+4P

電力
時間

電力から秘密鍵を推測

| 1 | 1 | 0 | 0 | 1 | 0 | 0 |

2021年、Googleが提供しているTitanセキュリティキーをサイドチャネル攻撃したという報告がありました[74]。

■ Titanセキュリティキー（https://store.google.com/product/titan_security_key より引用）

このキーは署名時に単純な計算方法は使っていなかったのですが、それでも秘密鍵に応じて電力消費パターンが変動していました。攻撃者はその弱点を利用したのです。サイドチャネル攻撃をするために、まずキーを分解して内部のチップを取り出して特殊な機器を接続します。その状態でデバイスを操作して何度も署名検証させて電力解析をします。

こうして得られた電力の波形を元に、深層学習を用いて秘密鍵を解析しました。このような方法ですから、攻撃されたといっても直ちに現実的な脅威となるわけはありません。しかし、チップメーカーはよりいっそうの対策を進めるでしょう。

■ チップに解析機器を取り付ける（参考文献[74] p.16, p.17より引用）

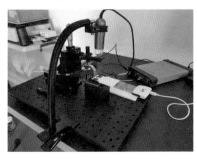

■ 電力解析（参考文献[74] p.36より引用）

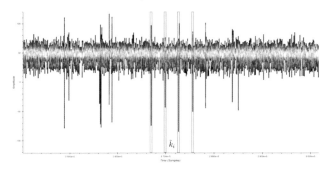

● コールド・ブート攻撃

　コンピュータのメモリは電源を切っても数秒は内容を保持しているという特性があります。またメモリを一気に冷却することでその保持期間を延ばせることも知られています。そこでロックはかかっているけれども電源は入った状態（スリープやスタンバイ状態）のコンピュータを攻撃者が入手すると、強制再起動時にメモリをクリアせずに素早く読み出すことで、秘密情報を抜き取れます。**コールド・ブート攻撃**といいます。

　抜き出した秘密鍵の情報は部分的に壊れて不完全なことが多いのですが、そ

れから正しい秘密鍵を復元する方法も研究されています。

■ コールド・ブート攻撃

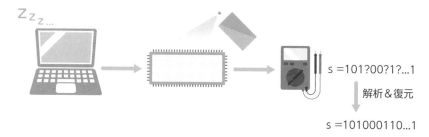

s =101?00?1?...1

解析＆復元

s =101000110...1

BitLockerによって暗号化されたノートパソコンは通常、起動時にメモリを
クリアします。しかし、2018年F-Secureは当時の多くのノートパソコンがコー
ルド・ブート攻撃に対して脆弱であると発表しました[75]。

まずスリープ状態にしたノートパソコンのふたを開けてメモリを冷却しま
す。そしてBIOS中で保護されていない部分を変更してメモリをクリアしない
状態でUSBメモリを差してリブートします。USBメモリには秘密情報を探す
ツールが入っていて、BitLockerのパスワードを探します。

対策の一つは再起動時にまずPIN入力を求める設定にすることです。更にス
リープではなく電源をオフにする設定にするとより安全性は向上しますが、利
便性は劣ります。

まとめ

▶ サイドチャネル攻撃はデバイスの正規の入出力以外の情報を
使った攻撃である。電力、電磁波、音声など多種多様な攻撃方
法が考えられている。

▶ 完全な対策は難しいので最新情報に注意する。

31 タイムスタンプ

署名は誰が何を契約したかを保証できますが、「いつ」を保証する機能はありません。
署名とタイムスタンプを組み合わせると署名時刻を保証できます。

● 否認防止と署名の失効

　正しい署名は署名鍵を持つ本人しか作れません。したがって、その署名を作っ
ていないと主張できず、署名は否認防止機能を持ちます。しかし、アリスが自
分の署名鍵を漏洩してしまうとどうなるでしょう。誰でもアリスに成り代わっ
て署名できてしまうので、アリスはその署名は無効ですと皆に知らせなければ
なりません。これを署名の失効といいます。逆に、検証鍵で署名を検証する人
はその鍵が失効されていないか確認する必要があります。署名の失効とその確
認についてはsec.34やp.207で解説します。

　さて、アリスは「ボブに100万円借りた」という契約書に署名をした後、そ
れを無効化したいと考えました。アリスは意図的に署名鍵を漏洩して、署名を
失効させます。すると、ボブはその鍵が失効されたので検証できなくなります。

■ 否認防止と署名の失効

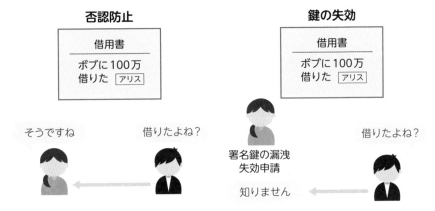

アルゴリズム的には正当な署名がついていても、アリスは「その署名は、漏洩した署名鍵を使って誰かが勝手に署名したものです」と主張できます。これは困ったことです。それを解決する一つの方法が**タイムスタンプ**です。

● ハッシュ値の連鎖によるタイムスタンプ

1990年**ハーバー**（Haber）と**ストネッタ**（Stornetta）は、あるときに確かにその文章が存在したことを示すタイムスタンプという概念を提唱します[76]。この仕組みはハッシュ関数Hとハッシュ値を管理する信頼できる**タイムスタンプ局**、あるいは**時刻認証局 TSA**（Time Stamping Authority）の存在を仮定します。

TSAは、あるときのハッシュ値h_iを持っています。文章や契約書に時刻の証明を付けたい人からデータのハッシュ値d_iが送られてくると、その時刻t_iに保持しているハッシュ値h_iと一緒にして新しいハッシュ値h_{i+1}を計算します。

$$h_{i+1}=H(h_i,d_i,t_i)$$

そしてそのハッシュ値の組(h_i, d_i, t_i)を新聞や公開掲示板などで公開します。新しいデータのハッシュ値d_{i+1}が送られてくるとまた新しいハッシュ値h_{i+2}を計算して公開します。公開されたハッシュ値の列は誰でもハッシュ値を計算してその正しさを確認できます。TSAはハッシュ値の連鎖を定期的に延ばします。

■ ハッシュ値の連鎖

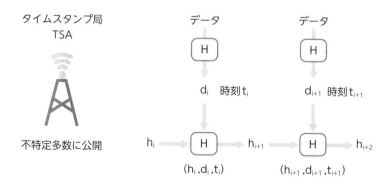

アリスに署名付きの借用書を作ってもらったボブは、ある日時Tにそれを TSAに渡してハッシュ値の連鎖に組み込んでもらいます。アリスが後で署名を 失効させて借用書の否認をしようとしても、ボブはその借用書と日時Tとその ときのハッシュ値h_Tを第三者に提示します。第三者はデータ、日時とハッシュ 値からh_{T+1}を計算し、TSAが公開しているハッシュ値に一致することを確認す ればその証明書が確かにその日時にあったことが分かります。アリスは否認で きません。

■ タイムスタンプによる否認防止

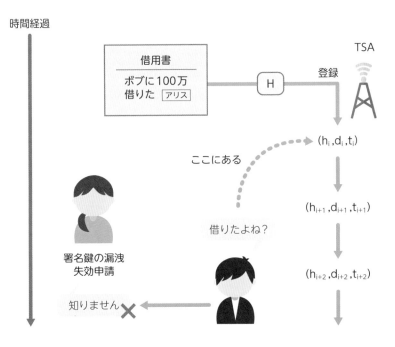

この方式はハッシュ値を連鎖させるのでリンクトークン (linked tokens) 生 成型のタイムスタンプとしてISO/IEC 18014-3で標準化されています [77]。安 全性はハッシュ関数の安全性にのみよるので比較的長期の安全性が期待できま す。ただしハッシュ値を保存して公開し続ける必要があります。

データの連鎖を一直線で保持して検証するのに比べて**マークル**（**Merkle**）が 提案した**Merkle木**と呼ばれる効率のよい仕組みがあります。Merkle木はデー

タを2分木で管理し、各ノードは2個の子ノードのハッシュ値a, bをつなげたa||bのハッシュ値h=H(a||b)を保持します。

　たとえば8個のデータh_1〜h_8をMerkel木で管理するには、h_1とh_2を束ねてh_{1-2}=H(h_1||h_2)を作り、h_{1-2}とh_{3-4}からh_{1-4}=H(h_{1-2}||h_{3-4})を作るというようにします。

　この状態で、たとえばh_8の値の正しさを確認するには、h_7とh_8からh_{7-8}、それとh_{5-6}からh_{5-8}、それとh_{1-4}からh_{1-8}を求めてそれが正しいことを検証すればよいです。検証に必要なデータは図で○で囲った値のみで済みます。n個の値のハッシュ値から計算するのに比べて、必要なデータ量がlog(n)のオーダーに減ります。

■ Merkle木

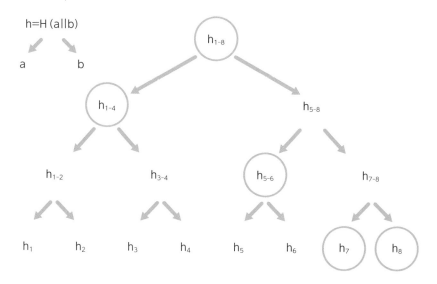

● 署名を用いたタイムスタンプ

　リンクトークンを使わないシンプルなタイムスタンプの方式もあります。信頼できるTSAが署名の検証鍵を公開しておきます。時刻を証明してほしい人はTSAに借用書のハッシュ値hを送ります。TSAはハッシュ値hにそのとき時刻tを付与したデータから署名σ=Sign(h||t)を作り利用者に返します。検証者はTSAの検証鍵を用いてその署名σと時刻tの正しさを検証します。

■ 署名を用いたタイムスタンプ

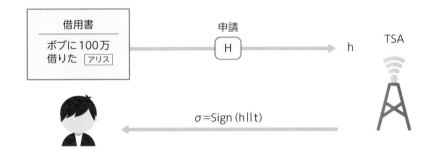

この方式はRFC 3161やISO/IEC18014-2で標準化されています[78][79]。**リンクトークン生成型**に比べてハッシュ値の連鎖を公開・保持する必要はありませんが、TSAは自身の署名鍵を絶対に漏洩してはいけません。

● 日本のタイムスタンプ

　タイムスタンプにはいくつかの方式がありますが、いずれの方式でもTSAは正しい時刻を参照する必要があります。日本では**国家時刻標準機関 NTA**（National Time Authority）を**情報通信研究機構 NICT**（National Institute of Information and Communications Technology）が担い、日本標準時を生成、供給しています[80]。NICTが供給している日本標準時を元に**時刻配信局 TAA**（Time Assessment Authority）が正しい時刻のサービスを提供しています。TSAはTAAから正確な時刻を受け取ります。

■ 日本の時刻

さて、契約の中には住宅ローンなど非常に長いものがあります。通常、署名の有効期間は数年から最大でも5年未満なので、単独では長い契約に対応できません。タイムスタンプを用いても最大10年程度です。そのため複数の方式を組み合わせたり、定期的にタイムスタンプを更新したりすることで署名を長期保存する必要があります。

欧州連合EUは2016年に**eIDAS**（electronic IDentification and Authentication Services）規則を制定し、国家間で署名やタイムスタンプの認証手段を法的に規定しています[81]。しかし2020年7月の時点で、日本ではタイムスタンプに関して民間の認定制度しかありません。サービスが将来にわたって保証されるのか、他国との相互認証などの点に不安があります。国が主導して法的に安心して使える制度を決めなければなりません。2021年3月の総務省の資料によると、「速やかに時刻認証業務の認定に関する規程の制定を行う予定」とのことです[82]。

ま と め

▶ 署名に時刻を保証するための仕組みがタイムスタンプである。

▶ EUではeIDAS規則という国家間で電子取引をするための法律があり、タイムスタンプも対象となっている。

▶ 日本で長期の契約を安心して電子化するためには法的な整備が課題である。

32 ブロックチェーンと ビットコイン

2009年に提案された暗号資産であるビットコインは瞬く間に大きな市場規模となりました。ビットコインの基幹技術であるブロックチェーンは、暗号資産だけでなく様々な応用が考えられています。

● ブロックチェーン

タイムスタンプ（sec.31）で紹介したリンクトークン生成型のタイムスタンプは、時刻情報を衝突耐性のあるハッシュ関数Hによるハッシュ値の連鎖（チェーン）を作ることでデータの改竄耐性を得る仕組みでした。この特長は時刻情報だけでなくどんなデータに対しても適用できます。

ブロックチェーンとは、あるデータの固まり（ブロックB_i）と、そのハッシュ値h_{i+1}を次のブロックB_{i+1}につなげることでブロックに含まれるデータの改竄耐性を持たせ、更にそのチェーンを**P2Pネットワーク**で管理する仕組みです。P2P（Peer to Peer）ネットワークとは、ネットワーク全体を管理する特定の管理者が存在せず、不特定多数の主体が所有するコンピュータが互いに通信する形態を指します。管理者がいなく、非中央集権的であることを強調するためにパブリックブロックチェーンということがあります。

■ ブロックチェーン

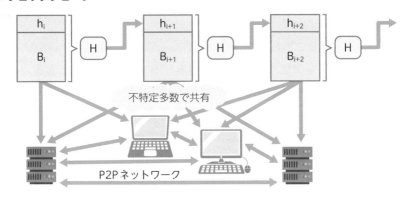

不特定多数で共有

P2Pネットワーク

データが十分に分散されている場合、可用性は高くなりますが、データ更新性能は低いです。更新性能の問題は、ブロックチェーンを階層化して局所的に分散・並列処理を行う**シャーディング**と呼ばれる技術などで改善が期待されています。

　なお、ブロックチェーンにはネットワークへの参加が自由なパブリックブロックチェーンの他に、特定の管理者が存在し、ネットワークへの参加が許可型のプライベート（管理者が一人）、あるいはコンソーシアム型（管理者が複数）ブロックチェーンと呼ばれるタイプも存在します。本書でブロックチェーンと書いたときはパブリックブロックチェーンを指します。

● ビットコイン

　ビットコインは国家が定めた法定通貨ではなく、非中央集権的で通貨の発行主体が無い**暗号資産**です。2018年までは**仮想通貨**や**暗号通貨**とも呼ばれていました。「ある人からある人に資産が移動した」という取引履歴（**トランザクション**といいます）の集まりをブロックに入れてブロックチェーンで管理します[83]。

　自分の資産が別のところに移動したという取引に同意したことを示すために、各取引履歴には送信元の署名を付けます。署名は256ビットのECDSA（p.169）を使います。

　ビットコインの移動元や移動先は**ビットコインアドレス**で示します。この値はECDSAの検証鍵（公開鍵）のSHA-256と**RIPEMD160**というハッシュ関数を順番に適用して得られた160ビットのハッシュ値です。アドレス情報を短くして利便性を上げるためにハッシュをとっています。

　ビットコインの通貨単位をBTC（BITCoin）と書きます。アリスが10BTCを持っているというのは、

1. 「コイン10BTCが、あるビットコインアドレスからビットコインアドレスa_Aに移動した」というトランザクションTがブロックチェーンに含まれている。
2. アリスが署名鍵（秘密鍵）s_Aと検証鍵S_Aのペアで、S_Aのハッシュをとったらビットコインアドレスa_Aになるものを持っている。

185

3. 「a_Aから別のビットコインアドレスに移動した」というトランザクションが
   存在しない。

という三つの条件を満たした状態を表します。条件1はそのコインが存在する
こと、条件2はアリスがそのコインの所有者であること、条件3はそのコイン
が未使用であることを示します。このような未使用のトランザクションの出力
を **UTXO** (Unspent Transaction Output) といいます。なお、後述の**マイニング**
されたビットコインの場合、移動前のビットコインアドレスはありません。

■ ビットコインの保持

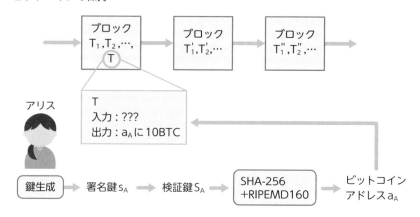

　銀行の口座と異なり、ビットコインでは資産の移動履歴だけがブロック
チェーンに記されます。ある人（アリス）の現在の資産残高はブロックチェー
ンのどこにも記載されていません。アリスが保持するビットコインアドレスが
使われてないこと（UTXOであること）を確認するには、ブロックチェーンに
含まれる全てのトランザクションを調べる必要があります。そしてUTXOの合
計を求めてようやく資産残高が分かります。もちろん、それらのチェックはプ
ログラムによって自動的に行われていますが、なかなか大変です。
　次項で説明するように、署名鍵 s_A を紛失するとそのビットコインをどこに
も移動できなくなる（トランザクションを作れない）ので事実上コインを失っ
たことになります。

● トランザクション

　ビットコインでアリスがボブに2BTCを送金する場合を簡略化して説明します。まずアリスは以下のトランザクションT'を作ります。アリスは新しくECDSAの署名鍵s'_Aと検証鍵S'_A、それに対応するビットコインアドレスa'_Aの組(s'_A, S'_A, a'_A)を用意します。

　このアドレスは(s_A, S_A, a_A)と同じでも構いませんが異なるものにするとプライバシーが向上します。第三者にとってそのアドレスがアリスのものかそうでないか判別できないからです。多数の署名鍵を安全に管理するのは大変なので、小さなシードから多数の署名鍵を生成する擬似ランダム関数PRF（p.070）が使われることが多いです。

　ボブも同様に(s_B, S_B, a_B)を用意します。ボブはアリスに送金先アドレスとしてa_Bを見せます。

　アリスは

入力
　10BTC を指すトランザクション T と検証鍵 S_A
出力
ボブのアドレス a_B に 2BTC
自分の新しいアドレス a'_A に残りの 7.9BTC

というトランザクションT'を作り、アドレスa_Aに対応する署名鍵s_Aで署名σ_Aを付けます。自分に入るコインが10 − 2 = 8ではなく7.9になっているのは手数料が引かれるためです。手数料は自由に設定できます。手数料を高く設定すると優先的に処理されやすくなります。

　このトランザクションT'を作れるのは、署名鍵s_Aを持っているアリスだけです。作った新しいトランザクションT'をビットコインのネットワークに公開します。T' は別のいくつかのトランザクションとまとめられて一つのブロックになります。そのブロックがブロックチェーンに取り込まれるとビットコインアドレスa_AはUTXOから使用済みとなり、取引が完了します。

■ ビットコインの移動

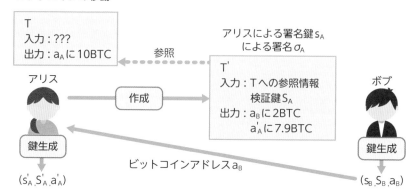

● 二重送金の防止とマイニング

　もしアリスが同じトランザクションTに対して別の人にコインを送るトランザクションを作ると二重送金になります。ブロックも一本の鎖ではなく、途中で分岐したものになることもあります。ブロックは一つ前のブロックのハッシュ値、複数のトランザクションをMerkle木（p.180）で管理したハッシュ値の他に、ナンスを含みます（他の情報もありますが説明を簡単にするために省略します）。

　ビットコインでは、二重送金や不正なブロックを取り除き正しいトランザクションのみが入ったものにするために、次のルールを導入しました。

1. チェーンを伸ばすとビットコインを得られる。
2. 最も長いチェーンが正しいチェーンである。
3. ブロックのハッシュ値が、ターゲットと呼ばれる値よりも小さくなるようにナンスが選ばれている。

　ブロックチェーンは不特定多数のコンピュータで管理するため、正しく管理されていることを保証するには管理者に何かメリットを与えなければなりません。そのためビットコインでは複数のトランザクションを集めてブロックを作り、チェーンを伸ばすとその対価としてビットコインが得られることにしまし

た。

　それでも中には二重送金などの不正なトランザクションを作るブロックを追加する人が現れるかもしれません。しかし正しいブロックチェーン以外の分岐したブロックを作っても対価は得られないため、大多数の人は正しいチェーンを伸ばそうとします。それにより取引履歴の正しさを担保します。

■ 正しいブロックチェーン

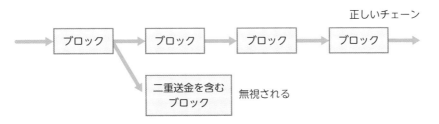

　ブロックが追加された情報が不特定多数のコンピュータに伝わるには一定の時間が必要です。また、いたずらに大量のブロックが追加されても困ります。そのため3番目の条件が課せられています。やや不正確なのですが「ハッシュ値がターゲットよりも小さい」は「ハッシュ値の先頭Nビットが0である」と言い換えられます。

■ マイニング

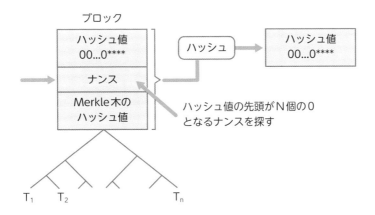

　たとえばN=4とするとハッシュ値の先頭4ビットが0でなければなりません。

0000から1111まで2^4=16通りあるのでナンスを適当に選んだときに0000になる確率は1/16です。0000でなければナンスを変えて0000になるまでやり直します。この操作をマイニング（採掘）といいます。

　Nが大きくなるほど見つけるのに時間がかかります。ビットコインでは10分の間隔で見つかるようにNの値が調整されています。2020年はN=80に近い値が設定されていて、世界中で正しいトランザクションを作るために1秒間に$1.6×10^{20}$（=160m Tera Hash/sec）回のハッシュ値の計算が行われているそうです（2021年4月現在）[84]。

　それだけの計算コストを払ってマイニングできた人のみが対価としてビットコインが得られます。これを**作業証明 PoW**（Proof of Work）といいます。経験的に自分のトランザクションがブロックに追加されてから6ブロック伸びると正しくブロックチェーンに取り込まれたと判断します。逆に言えばトランザクションを作ってから60分（10分×6）経たないと取引完了にはできません。PoWのための計算資源や電力の消費・取引性能の低さはビットコインの欠点であり、それらを改善したオルトコインが多数提案されています。

　ビットコインは署名とハッシュ関数、および不特定多数で管理されたブロックチェーンを、正しさに貢献した人に報酬を与えるという人間の経済原理を組み合わせて構成した点が画期的でした。マイニングする人の一部が過半数の計算能力を独占すると、ブロックチェーンを意のままに延ばせるようになり正しさの保証ができなくなります。ただしその場合、ビットコインの信用が失われるためそのようなことはしないだろうと思われます。

まとめ

- ▶ ビットコインは取引履歴をブロックチェーンで管理する。
- ▶ コインの所有者は署名で保証する。
- ▶ チェーンを伸ばす操作マイニングをするとビットコインが与えられる。

6章

▼

公開鍵基盤

インターネット上で公開鍵暗号や署名を利用するには社会と紐づける必要があります。そのための仕組みの一つが公開鍵基盤です。

33 公開鍵基盤

これまでに共通鍵暗号・鍵共有・公開鍵暗号・署名などの要素技術を紹介してきました。インターネット上でそれらの技術を利用するためには、エンティティ（利用者や機関）との対応づけが必要です。現在最も広く使われている方法が公開鍵基盤です。

● 互いに依存する暗号技術

　アリスとボブが秘密の通信をするには共通鍵暗号を使ってやりとりする文書を暗号文にします。そのときに必要な二人の間でしか知らない秘密鍵はDH鍵共有や公開鍵暗号を使ってやりとりします。DH鍵共有中に送信し合うパラメータや公開鍵暗号の公開鍵の受け渡し中に、中間者攻撃を受けていないことを確認するためには、MACか署名を用いた検証が必要です。しかしMACを使うならその秘密鍵を事前に共有する必要があり、署名を使うなら事前に検証鍵を正しく受け取っていることを確認しなければなりません。そのためにはまた別の暗号技術が必要で……となるとこれらの技術は相互依存します。そして、この相互に依存する輪を断ち切るためには暗号技術と別の仕組みが必要です。

■ 互いに依存する暗号技術

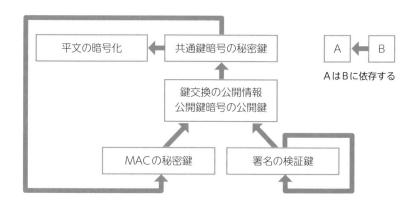

○ 信用の輪

　公開鍵暗号の公開鍵が本人のものであることを確認できれば、安心して公開鍵を使えるので上述の鎖を切れます。たとえば二人で会って、公開鍵暗号の公開鍵を互いに直接手渡します。同時に署名の検証鍵も渡し合うとよいでしょう。原始的と思われるかもしれませんが確実な方法です。

■ 公開鍵暗号の公開鍵や署名の検証鍵の手渡し

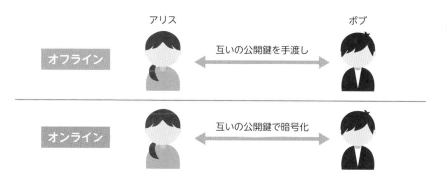

　次に、自分が信用している人が持っている別の人の公開鍵や検証鍵は、その人に直接会ったことが無くても信用してもよさそうです。たとえばキャロルは友達ボブの署名の検証鍵を持っています。そこに、会ったことの無いアリスからボブの署名がついたアリスの公開鍵が届きました。キャロルはボブの検証鍵を用いてその正しさを確認します。キャロルが「ボブはボブ自身が確認したものにしか署名をしない人」と信頼していたら、アリスの公開鍵も本当にアリスのものだと信用できます。こうするとキャロルはボブを介して会ったことのないアリスの公開鍵を入手できます。友達の友達は友達というわけです。そうやって信用できる公開鍵を増やします。このような仕組みを**信用の輪**（Web of Trust）といいます。

　他に、一対一のやりとりではなく、複数人まとめて直接会って公開鍵をやりとりする**キーサインパーティ**という会もあります。そこでは互いに免許証などの身分証明書を見せ合って本人確認し、公開鍵を受け渡したり、他人の公開鍵に署名をしたりします。

■ 信用の輪

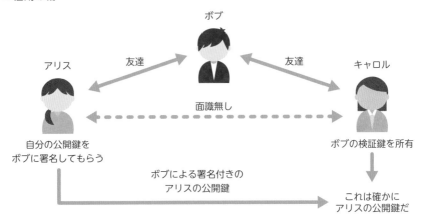

　ただ友達の友達を本当に信用してよいのか、という問題はあります。直接会っ
ていない人をどこまで信用できるのかといった信用度を扱い、署名の方法も含
めて世界中でやりとりできるようにしたのが**OpenPGP**（Pretty Good Privacy）
であり[85]、それを実装したソフトウェアGnuPGは様々なOSで利用できます。

● 公開鍵基盤と認証局

　信用の輪に基づく公開鍵の利用は特別な信頼できる機関が無くても運用でき
る優れた方法で、オープンソースソフトウェアの開発などで広く使われていま
す。ただ、現在のインターネットでは大抵、それとは別の**公開鍵基盤 PKI**
（Public-Key Infrastructure）という仕組みが使われています。PKIは人や組織と、
それに紐付く公開鍵の対応を保証する仕組みで、その公開鍵を保証する機関を
認証局といいます。認証局は信頼できる機関として扱われます。

　アリスが、あるサーバの公開鍵の持ち主であることを皆に認めてもらいたい
場合、アリスは認証局に依頼します。認証局は、依頼者アリスとサーバの結び
付きを確認して証明書を発行します。この証明書を**公開鍵証明書**といいます。
認証局の確認方法については（sec.35）で解説します。その公開鍵証明書を用
いてサーバを運用することが多いので、**サーバ証明書**ともいいます。文脈から
分かるときは単に証明書ともいいます。

■ 公開鍵証明書の発行

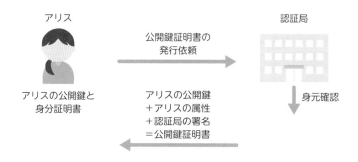

証明書は**X.509**という規格でフォーマットが定められています [86]。証明書は証明書の発行者・有効期間・主体者・主体者の公開鍵などの情報を含み、それら全体に対して認証局の署名鍵による署名がついています。認証局の検証鍵を用いて誰もがその証明書の正しさを検証できます。それによりアリスの公開鍵がアリスの属性（名前や組織など）と結び付いていることが保証されます。

その認証局の検証鍵もまた別の認証局により証明書を発行してもらいます。二つの認証局が相互に認証し合うこともあれば、より権威ある信頼された認証局に認証してもらうこともあります。

■ 認証局の相互認証

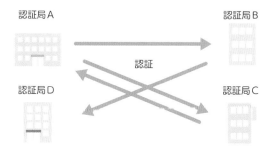

最終的に検証鍵を誰からも認証してもらわず、自分で正当性を証明する認証局が必要です。それを**ルート認証局**といい、その証明書を**自己署名証明書**といいます。ルート認証局以外の途中にある認証局を中間認証局といいます。ルート認証局は全ての公開鍵証明書の認証の起点となるので非常に重要で**トラスト**

アンカーと呼ばれます。

　私たちがパソコンやスマートフォンを購入してWebブラウザを使うときは、予めいくつかのルート認証局とそれらの証明書が設定されています。したがって、初めて利用する銀行のサイトなどもその証明書の正しさを検証し、安心して公開鍵暗号による秘密の通信を利用できるのです。

■ 認証局の階層

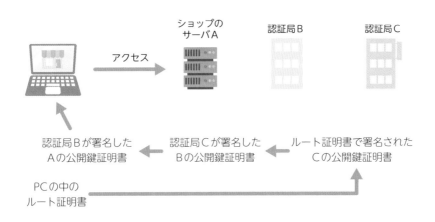

● フィンガープリント

　2019年の中頃までブラウザFirefoxで日本の電子政府のサイトにアクセスすると「安全な接続ではありません」という警告が出ました。これは**政府認証基盤 GPKI**（Government PKI）の発行する自己署名証明書がFirefoxに認められていなかったからです。通常、自己署名証明書を自分でブラウザに追加することはありません。しかし、その警告を出さないためには、政府の証明書を手動でブラウザに追加する必要がありました。ただし、「http://」で始まるURLで案内されたサイトからダウンロードした証明書を安易に追加しては絶対にいけません。ダウンロードする経路で、証明書が改竄されていない保証はないからです。

　証明書のハッシュ値を**フィンガープリント**（拇印）といいます。入手した証明書とそのハッシュ値が一致することを確認してからブラウザに追加します。ハッシュ値は証明書と同じ経路で入手したものを使ってはいけません。そのハッシュ値も改竄されているかもしれないからです。GPKIの場合、官報や新聞、

FAXなどを利用して入手したフィンガープリントでその正当性を確認します。現在はFirefoxもそのような手段をとることなく安全に接続できます。大原則として、自己署名証明書のインストールを要求するサイトは危険と認識しておきましょう。

■ www.gpki.go.jpの証明書

2020年7月の時点でブラウザで https://www.gpki.go.jp/ にアクセスしてその証明書を見ると、証明書の発行者は「SECOM Trust Systems Co.,Ltd.」という認証局、「Security Communication RootCA2」がルート証明書、「www.gpki.go.jp」のフィンガープリント（拇印）は「5f3b8c」で始まる数値であることが分かります。表示方法や形式はブラウザによって異なりますが、パソコン用ブラウザでは概ね「https」で始まるURLの左横か右横の鍵アイコン🔒をクリックし、「証明書の表示」というボタンやメニューをクリックすると表示されます。

まとめ

▷ **公開鍵基盤PKIは人やサーバと公開鍵を紐づける仕組みである。**

▷ **公開鍵証明書は公開鍵と対応する秘密鍵を持つ所有者の属性情報に認証局の署名を付けたものである。**

▷ **PKIは相互認証や階層構造を持ち、認証の起点となるトラストアンカーはルート認証局が担う。**

34 公開鍵証明書の失効

事業者の公開鍵証明書の登録情報が古くなったり、公開鍵暗号の秘密鍵が漏洩したりしたため公開鍵証明書を破棄したいことがあります。そのための仕組みが公開鍵証明書の失効です。

● 証明書失効リスト

証明書失効リスト CRL（Certificate Revocation List）とは公開鍵基盤で失効した公開鍵証明書の一覧です。発行した公開鍵証明書に対応する秘密鍵が漏洩したり、認証局が攻撃されて署名鍵が漏洩したりすると公開鍵証明書は意味がなくなります。悪用される前に速やかに認証局に届け出をしてCRLに追加してもらう必要があります。認証局は新しいCRLに署名をして定期的に公開します。

■ 公開鍵証明書の確認

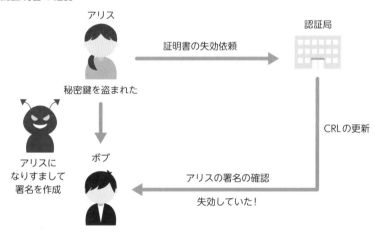

検証者ボブは署名の確認の前にCRLをチェックしてアリスの公開鍵証明書が失効していないか確認します。失効していないことを確認して初めてその公開鍵を利用できます。

● CRLの問題点

CRLは世界中の失効リスト一覧なのでサイズは大きくなるばかりです。CRLの更新間隔を延ばすとダウンロードする負荷は下がりますが、最新のCRLへの追従が遅れます。そのためCRLをいくつかに分割する方法や、差分だけを取得する方法（**デルタCRL**）などがあります。しかし本質的な解決にはなりません。またCRLに対応しないブラウザもあります。

● OCSP

CRLの問題点を解決するために**OCSP**（Online Certificate Status Protocol）という方法が提案されました[87]。ボブがアリスのサーバXにアクセスし、受け取ったアリスの公開鍵証明書Cxが失効していないかをOCSPレスポンダと呼ばれるサーバに問い合わせます。OCSPはその証明書Cxが有効か失効しているかの返事（OCSPレスポンス）をします。OCSPレスポンスにはレスポンダの署名がついています。OCSPレスポンダは通常認証局や**有効性検証局 VA**（Validation Authority）というCRLを集中的に管理する専門の機関が運用します。

CRLと違って全部のデータをとってくる必要がありません。しかし、この方法はボブが各証明書に対して一つ一つOCSPレスポンダに問い合わせなければなりません。またボブがアクセスしようとしているサイトの情報がOCSPレスポンダに伝わります。これはプライバシーの問題になります。

■ OCSP

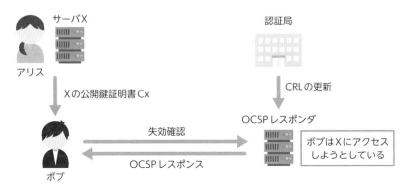

● OCSP ステープリング

OCSPの問題点を解決するために **OCSP ステープリング**（stapling）という仕組みが考えられました [88]。ステープリングとは固定するという意味です。OCSPステープリングは、サーバ側で最新の失効情報を保持しておき、クライアントがサーバに接続してきたときにその情報を含めて返答する方式です。クライアントが自分でOCSPレスポンダに問い合わせる必要がなくなるため、どのサイトにアクセスしたかの情報が漏洩するリスクが無くなり、また通信速度も向上します。

■ OCSP ステープリング

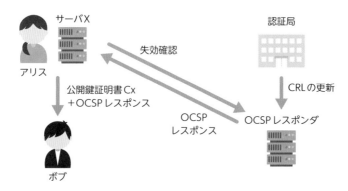

● その他の方法

証明書の失効はプロトコル・パフォーマンス・プライバシー・ブラウザのサポートなど様々な要因が関わっています。

2014年GoogleはブラウザChromeに **CRLSets** というOCSPやCRLと異なる仕組みを導入します。CRLSetsは緊急事態に素早く悪いサイトをブロックするために利用されます [89]。

2015年MozillaはFirefoxに **OneCRL** という仕組みを導入しました。これは失効済みの中間証明書のリストを一元管理してブラウザに通知する仕組みです [90]。

また2020年1月から **CRLite** という仕組みも始まりました。これはCT（sec.36）

のログサーバから収集したデータとCRLを組み合わせてCRLiteフィルタとい
う圧縮したデータベースを作ります。そしてFirefoxが毎日定期的にそのフィ
ルタを更新し、証明書を検証します[91]。

■ CRLiteのフロー

CTログサーバ　　　　　　　　　　　　　　フィルタDB　Firefox

モニタリング
＆フィルタ生成

CRL

　いずれもブラウザ固有の機能です。このように当面はブラウザごとに異なる
管理がなされ、また新しい規格も提案されるでしょう。

まとめ

▷ **公開鍵証明書を無効化するためには認証局に失効依頼をする必
要がある。**

▷ **公開鍵証明書を利用する前にはその証明書が失効していないか
確認する必要がある。**

▷ **安全で効率よく失効確認するための方法がいろいろ提案されて
いる。**

35 公開鍵証明書と電子証明書の発行方法

公開鍵暗号の公開鍵や署名の検証鍵が確かに自分のものであることを示すには暗号とは別の枠組みが必要です。ここでは公開鍵証明書や電子証明書を発行するとき、どのように本人確認を行うのか、その方法と問題点を紹介します。

● ドメイン名

ドメイン名とは、インターネット上でコンピュータやあるグループに属するコンピュータ群を効率よく特定するために付けられた階層構造を持つ名前です。メールアドレスのアットマーク（@）から後ろの文字列やURLの「http://」や「https://」の次から次のスラッシュ「/」までの間にドメイン名が使われます。正確には「ホスト名.ドメイン名」という形で指定します。ホスト名やドメイン名は省略されることがあります。たとえばcybozu.co.jpやexample.comなどです。

ドメイン名はピリオド「.」で分割され、後ろから**トップレベルドメイン TLD**（Top Level Domain）、**第2レベルドメイン SLD**（Second LD）、**第3レベルドメイン 3LD**（3rd LD）と呼ばれます。TLDはjp（日本）やus（アメリカ合衆国）などの国を表す**ccTLD**（country code TLD）やcomなどの**ジェネリックTLD**などがあります。SLDにはacやcoなどがあります。

■ ドメインの階層構造

ドメイン名は世界中で重複しないように**ICANN**（the Internet Corporation for Assigned Names and Numbers）という組織が管理しています。日本では

ICANNから委託された株式会社**日本レジストリサービス JPRS**がjpドメインを管理しています。「***.com」というドメインは（「***」の部分が登録されていなければ）ドメイン名登録業者に申請することで誰でも取得できますが、「***.co.jp」は日本国内に登記のある法人しか登録できません。

公開鍵証明書はこのドメイン名に対して発行してもらいます（以降、文脈から分かるときは証明書と略記します）。

● ドメイン認証

認証局が公開鍵証明書を発行するときに、申請者が申請ドメインの管理者であると判断して認証する方法を**ドメイン認証 DV**（Domain Validated certificate または Domain Validation）といいます。

方法はいくつかあります。たとえばアリスが自分で運営しているドメインalice.exampleの公開鍵証明書を取得したいなら「admin@alice.example」というメールアドレスで認証局に依頼します。通常、「admin@」の形のメールアドレスを使えるのはそのドメインの管理者のみです。したがって、認証局は、アリスがそのドメインalice.exampleの管理者であると判断して手続きを進めます。

メールによる申請ではなく、サーバに特殊なコードを置いてもらう方法もあります。申請を受け付けた認証局は、一時的なトークンをアリスに送ります。アリスはalice.exampleの特定のページにそのトークンを記します。認証局はそのページにアクセスして確かに自分が送ったトークンが記されていることを確認します。これにより、認証局はアリスがalice.exampleを操作できること、つまり申請者がドメインの管理者であると判断します。

メールやサーバにトークンを置く他に、DNSを使った認証もあります。DNSとはドメイン名を管理する仕組みで詳細は（sec.40）を参照ください。トークンによる認証と同様、申請を受け付けた認証局が一時的なトークンをアリスに送るので、アリスは指定された方法でDNSを設定します。認証局はその設定を確認してドメインの管理者であると判断します。

RFC 8555の**ACME**（Automatic Certificate Management Environment）は公開鍵証明書を自動的に検証できる仕組みを定めたものです[92]。無料で自動化されたオープンな認証局**Let's Encrypt**が採用しています。

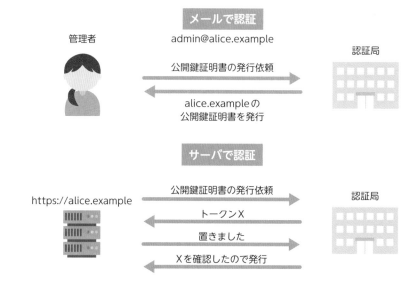

● ドメイン認証の問題点

　メールを使ったドメイン認証には注意点がいくつかあります。不特定多数の
メールアドレスを発行するサービス会社が、ユーザが付けるメールアドレスの
名前にadminという文字列を許可していたとします。するとそのユーザが勝手
に管理者を名乗って認証局に公開鍵証明書を発行する手続きをとってしまうか
もしれません。そのためサービス提供者は、管理者に思われてしまいそうなメー
ルアドレスを発行してしまわないように注意しなければなりません。admin以
外にもhostmaster、administrator、webmaster、rootなどいくつかあります。

　しかしサービス提供者が気をつけていたとしても、ずさんな認証局の中には
adminという文字が入っているだけで証明書を発行してしまうことがあります
[93]。

　たとえばある業者がドメインmail.exampleでメールサービスを提供している
とします。その業者はadmin@mail.exampleというメールアドレスを発行しな
いように気をつけています。ユーザがattack_adminというユーザ名を登録し、
それはadminではないのでattack_admin@mail.exampleというメールアドレス

を発行しました。通常、そのユーザが認証局に証明書の発行を依頼したとして
も、メールアドレスがadmin@mail.exampleではないので拒否します。しかし、
ずさんな認証局は「admin」の文字が含まれているので証明書を発行します。
するとattack_admin@mail.exampleの所有者がmail.exampleの証明書を取得で
きてしまいます。

■ ずさんな認証局

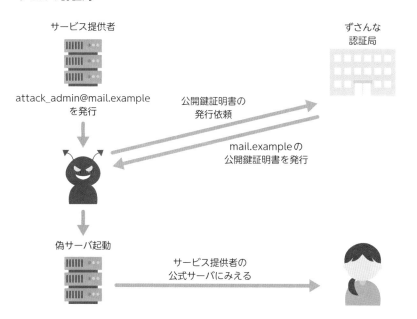

この問題は業者とは無関係に証明書が発行されてしまうため、対策はなかな
か難しいです。認証局に認証されてしまいそうなメールアドレスをユーザに提
供しないようにしたり、勝手な証明書が発行されていないかを監視したりする
ぐらいしか対策がありません。解決方法の一つを次節で紹介します。

また、そもそもドメイン認証は暗号的には安全ではないネットワークを利用
していて、本人確認もしていないという点に注意してください。2020年、
Let's Encryptは複数箇所からドメインを検証することでネットワークの潜在的
な問題を減らす取り組みを始めました[94]。

● 組織認証

組織認証 OV（Organization Validation）はドメインの管埋者が個人ではなく法人であることを示す証明書です。企業認証ともいいます。メールだけでなく書類審査や電話を用いてそのドメインの所有者の法人が存在し、申請者当人であることを確認します。

● 拡張認証

拡張認証 EV（Extended Validation）は組織認証よりも厳格にドメインとその所有者の関係を確認します。2005年に設立された**CA/ブラウザフォーラム**（CA/ Browser Forum）がその発行基準を定義しています。手続きに時間とお金がかかりますが、ブラウザで見るとアドレスバーが緑色になるため利用者に安心感を与えます。ただ2019年8月以降ChromeやFirefoxなどのブラウザは、EV証明書であることを強調するのはブラウザ利用者にとってあまり意味が無いとして表示の簡略化を始めました [95]。したがって、今後ブラウザのアドレスバーを見るだけでは組織認証とEV認証の見た目の違いが分かりにくくなるでしょう。

なお、これらの認証はあくまでそのサーバと暗号的に安全に接続できるということしか保証しないことに注意してください。悪意ある業者であっても正当な手続きを踏めばEV認証を受けられます。いずれの証明書であっても、そのサイトの公開鍵の正しさしか保証していません。そのサイトで安心して買い物やサービスを受けられるかどうかは別の問題なのです。

● 署名の電子証明書

署名の検証鍵（公開鍵）も、なんらかの方法で署名者と検証鍵の結び付きを保証しなければなりません。署名者の属性と検証鍵に認証局による署名がついたデータを**電子証明書**といいます [96]。

公開鍵証明書も電子データによる証明書ではありますが、電子証明書というと署名の検証鍵の証明書を指すことが多いです。国内では電子政府の総合窓口

が案内している認証局で発行手続きをして電子証明書を入手します [97]。

申請の際には会社の商号や住所、代表者の氏名などの登記情報が必要です。2020年7月の時点で電子証明書の有効期間は最大27カ月です。電子証明書を用いて、登記やe-Taxなどの手続きをオンラインでできるようになります。

マイナンバーカードには公的個人認証サービス（JPKI）である電子証明書の機能があります。JPKIは行政手続をインターネットを介して行う場合に本人確認をするために利用されます。マイナンバーカードの発行の際には、顔写真とパスポートなどを用いて本人であることを確認します。電子証明書の有効期間は5年で、更新の際には再度本人確認が必要です。

署名鍵の漏洩、登記情報や住所・氏名の変更、ICカードの紛失・盗難があった場合は電子証明書の失効申請をします。

■ マイナンバーカード

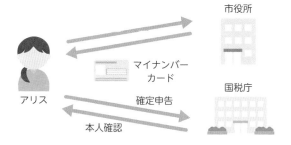

■ まとめ

▷ **公開鍵証明書の発行にはDV, OV, EVという認証方法があり、後者の方がより厳格に審査する。**

▷ **EVはサーバ所有者の身元を確認しているが、所有者が悪意を持っていないことや、攻撃されていないことを保証するものではない。**

▷ **日本の電子政府システムを利用する場合に署名の電子証明書が必要なことがある。**

36 証明書の透明性

公開鍵暗号や署名を利用する上で認証局は非常に重要な役割を担います。しかし過去には認証局が問題を起こしたことがありました。証明書の透明性は、認証局が不正な証明書を発行していないかを監視する仕組みです。

◉ 問題のある認証局や証明書

　認証局は公開鍵と本人の結び付きを暗号の枠組みの外で行うため、証明書発行の手続きがいい加減ではその信頼性が揺らぎます。残念ながら過去には攻撃を受けて偽の証明書を発行したり、不適切な手続きや運用をしたりした認証局がありました。認証局がそのようなことをしていないのか常に監視が必要です。

■ 認証局や証明書に関する主な事件

- ・2011年 認証局 COMODO や DigiNotar が攻撃を受けて偽のサーバ証明書を発行
- ・2011年 認証局 DigiCert Sdn. Bhd. が解読可能な弱い RSA 鍵の証明書を発行
- ・2012年 マルウェア Flame が Microsoft Windows Update の MD5 を利用していた証明書を攻撃
- ・2012年 認証局 TURKTRUST が間違って Google に対する中間 CA 証明書を発行
- ・2014年 インド政府認証管理局が不適切な証明書を発行
- ・2015年 Lenovo 製パソコンにプレインストールされたソフトウェア Superfish が問題ある証明書をルート証明書に設定
- ・2015年 認証局 Symantec が不正な証明書を発行
- ・2016年 認証局 WoSign が不正な証明書を発行
- ・2018年以降ブラウザで Symantec の証明書を無効化

　2015年の Superfish は正規ルートで購入したパソコンのルート証明書が信用できないという PKI の信頼を揺るがす事件として大きな話題になりました。PKI の節で紹介したようにルート証明書が信用できないとそれらを利用した全ての暗号通信が安全でなくなる可能性があるからです。また認証局が不正をすると、CRL（sec.34）などの証明書失効手続きでは間に合わないため、ブラウザや OS のアップデートで対応することも増えています。

● 証明書の透明性

証明書の透明性 CT（Certificate Transparency）とは2013年にGoogleが提唱した、証明書発行を監視する仕組みです [98]。

CTのログサーバと呼ばれるサーバがあります。あるサーバXが認証局に証明書の発行を依頼すると、認証局はログサーバに発行する証明書を登録し、**SCT**（Signed Certificate Timestamp）というログサーバによる署名がついたタイムスタンプを受け取ってサーバXに戻します。ユーザがサーバXにアクセスするとサーバXはSCTを含む証明書をユーザに返します。ユーザはサーバXの発行履歴を確認するためにログサーバにアクセスし、登録状況を確認します。

■ CTのログサーバへの登録

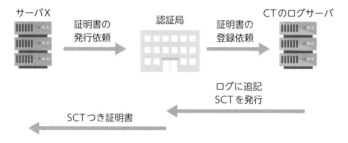

■ cybozu.co.jpの証明書のSCT（2021年7月時点）

Embedded SCTs	
Log ID	29:79:BE:F0:9E:39:39:21:F0:56:73:9F:63:A5:77:E5:BE:57:7D:9C:60:0A:F8:F9:4D:5D:...
Name	Google "Argon2022"
Signature Algorithm	SHA-256 ECDSA
Version	1
Timestamp	Fri, 15 Jan 2021 05:25:27 GMT
Log ID	22:45:45:07:59:55:24:56:96:3F:A1:2F:F1:F7:6D:86:E0:23:26:63:AD:C0:4B:7F:5D:C6:...
Name	DigiCert Yeti2022
Signature Algorithm	SHA-256 ECDSA
Version	1
Timestamp	Fri, 15 Jan 2021 05:25:27 GMT

2015年、ブラウザChromeはEV証明書（p.206）を発行するときはCTログサー

バへの登録を必須としました。そしてChromeとSafariは2018年以降発行された全てのサーバ証明書にCTへの登録を必須とします。2021年5月の時点でFirefoxはデフォルトでCTの使用を義務づけてはいません。CTのポリシー（満たすべき要件）はブラウザごとに異なりますが、複数のCTログサーバが発行したSCTが必要です。cybozu.co.jpのSCTは「Google "Argon2022"」と「DigiCert Yeti2022」の2箇所で発行されたSCTを示しています。

CTが普及すると次のメリットがあります。

一般ユーザにとって

サーバにアクセスして発行された証明書にSCTがついていないなら怪しいと判断できます。そしてSCTがついていても、そのSCTがログサーバになければ怪しいと判断できます。

サービス事業者にとって

ログサーバを監視することで自分のサイトの不正な証明書が発行されていないかを監視できます。

■ CTの利用

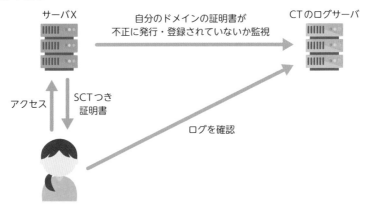

2015年、CTによってSymantecが不正に証明書を発行していることが判明し、その有用性が示されました。ただし問題点もいくつか指摘されています [99]。

一般ユーザにとって

SCTの妥当性を確認するためにログサーバにアクセスすると、どこにアクセスしたかをログサーバに知らせることになります。これは証明書の失効確認をするOCSP (p.199) と同じ問題を抱えています。

サービス事業者にとって

認証局に証明書を発行してもらう前にログサーバにSCTを発行してもらう手続きを踏まなければなりません。プロモーションなどのために公開前は秘密にしておきたいホスト名やサブドメイン名がログサーバに記録・公開されるリスクがあります。

これらの問題を解決するために、一般ユーザがログサーバに問い合わせるのではなく、サーバが「ログサーバにSCTが存在する証明書」を生成し、それをクライアントに送ることでプライバシーの問題を改善する方法が提案されています。また、ホスト名やドメイン名についてはその一部を伏せて登録する方法も提案されています [100][101]。

ログサーバは世界中の証明書を収集できるメリットがあります。ログサーバを運営してる組織はGoogle、DigiCert、Cloudflare、Let's Encryptなどあまり多くなく、ログサーバの権威が特定の組織に偏る懸念があります。運営者自体が不正をしないかの監査も必要です。

まとめ

- ▷ 認証局が攻撃されたり、不正な証明書を発行したりすると公開鍵基盤の信頼の前提が成り立たなくなる。
- ▷ 証明書の透明性CTは認証局が正しく運営していることを確認する仕組みである。
- ▷ CTのログサーバの運営は特定の巨大な組織に頼りがちになるという問題が懸念される。

7章

▼

TLS

ネットワーク上で相互に安全に通信するために
は共通鍵暗号、公開鍵暗号や署名などの様々な
技術が必要です。 世界中にある通信機器の間
で相互接続しやすくするために、その通信プロ
トコルは規格化されています。

37 | TLS

ブラウザでインターネットにアクセスするときの暗号プロトコルTLSは日々新しい
仕様が検討されています。2021年7月の時点で最新版はTLS 1.3です。TLS 1.2まで
に比べてより安全で高速な通信を実現しています。

● HTTPとHTTPS

　ブラウザでインターネットにアクセスしたときに表示される画面は主に
HTML（HyperText Markup Language）と呼ばれる構造を持ったテキストで作ら
れています。HTMLや画像、音声データなどは**HTTP**（HyperText Transfer
Protocol）という通信手順で送信されます。HTTPは暗号化されておらず、ブラ
ウザで「http://」で始まるURLを表示したとき、その通信内容は盗聴・改竄さ
れる可能性があります。通信を安全に暗号化するプロトコルが**TLS**（Transport
Layer Security）で、TLSによって暗号化されたHTTPを**HTTPS**（HTTP Secure
またはHTTP over TLS）といいます。ブラウザでHTTPSを使うには「https://」
で始まるURLにアクセスします。

■ HTTPとHTTPS

http://example.comに
アクセス

HTTPで通信

盗聴・改竄可能

HTML

こんにちは

https://example.comに
アクセス

HTTPS＝HTTP/TLSで通信

盗聴・改竄不可能

HTML

こんにちは

● SSL/TLSの歴史

もともとはNetscape Navigatorというブラウザで使われていた**SSL**(Secure
Sockets Layer)という独自プロトコルが一般に普及し、1995年にSSL 3.0が公
開されました。そして様々なブラウザにSSLが搭載され、SSLが普及します。
その後、標準化の主体がIETFに移り、SSL 3.0に相当するTLS 1.0が1999年に
策定されます。セキュリティ対策のため、TLS 1.1(2006年)、TLS 1.2(2008年)
と改定されて現在はTLS 1.2が広く使われています。SSL 3.0は2010年以降、
プロトコル上の脆弱性が相次いで見つかります。そして2014年にPOODLEと
呼ばれる致命的な攻撃が見つかったため、2015年にSSL 3.0の利用が禁止さ
れました(p.095)。TLS 1.0とTLS 1.1も安全性に問題があるため2020年に各
種ブラウザで無効化され、2021年にRFCでも廃止されました[102] [103]。
TLSは2018年にTLS 1.3が策定されて普及が進んでいます[104]。

■ SSL/TLSの歴史

年代	出来事
1995	SSL 3.0の発表
1996	IETF TLSワーキンググループ設立
1999	TLS 1.0の制定
2006	TLS 1.1の制定
2008	TLS 1.2の制定
2010	SSL 3.0の脆弱性報告
2013	TLS 1.3検討開始
2014	POODLEの報告
2015	SSL 3.0禁止
2018	TLS 1.3の策定
2020	TLS 1.0とTLS 1.1の無効化
2021	QUICの標準化

◯ TLS 1.3の特長

　TLS 1.3はTLS 1.2までに見つかっていた安全性や性能に関する様々な問題点を解決するために大幅な改良がなされました。

・**性能の向上**
　・ハンドシェイクの効率化
・**安全性の向上**
　・暗号化アルゴリズムの整備
　・新しい鍵導出アルゴリズム
　・形式検証
　・認証付き暗号
　・前方秘匿性

　認証付き暗号と前方秘匿性は暗号の安全性向上のために導入されました。後の節で詳しく紹介します。

◯ ハンドシェイクの効率化

　ハンドシェイクとはクライアントとサーバが通信を確立するための手続きです。TLS 1.2に比べてTLS 1.3はクライアントとサーバで暗号通信を始めるまでや再開時のやりとりの回数が減り、高速化されています。

TLS 1.2の通信プロトコル
　TLS 1.2の通信プロトコルの概要は次の通りです。

1. クライアントは暗号通信開始のためのパラメータを送信します（**ClientHello**）。
2. サーバは暗号通信のパラメータを決定し（**ServerHello**）、サーバ証明書（Certificate）とマスターシークレット（master secret）のための情報（ServerKeyExchange）を送ります。最後にServerHelloDoneで完了の合図を

送ります。

3. クライアントはサーバ証明書を検証して問題なければマスターシークレットのための情報を送り（ClientKeyExchange）、完了通知（Finished）します。

4.（必要ならクライアント証明書を検証してから）サーバもマスターシークレットを作り完了通知して（Finished）、暗号通信を開始します。図中のEnc(X)はXを暗号化して通信していることを表します。

5. クライアントもマスターシークレットを作り暗号通信を開始します。

　マスターシークレットは秘密情報で、暗号化に使う鍵などを生成するために使われます。

■ TLS 1.2のフルハンドシェイク

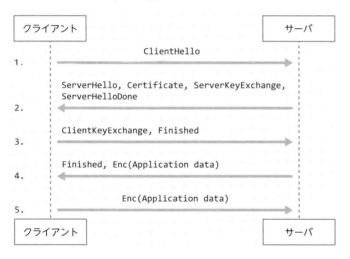

暗号通信を開始する前に3回データのやりとりをしています。

TLS 1.3の通信プロトコル

　これに対してTLS 1.3は次の通りです。

1. 通信開始を表明します（ClientHello）。このとき同時にDH鍵共有のための公開情報KS（Key Share）と事前鍵共有PSK（Pre Shared Key）も送信します（オ

プション)。

2. サーバも KS や PSK を送信(ServerHello)して鍵共有をします。それからサーバパラメータやサーバ証明書を暗号化して送信します。図中の Enc(X) は X を暗号化していることを表します。

3. 認証などの処理が終わったらサーバはアプリのための暗号通信を開始します。

4. クライアントも認証処理が終わったらアプリのための暗号通信を開始します。

　鍵共有には DH 鍵共有のみ、PSK のみ、または DH 鍵共有と PSK の両方を使うモードがあります。初めての通信や、通信再開などの状況によってモードは変わります。PSK は相互認証や、通信を再開するときにサーバ認証を簡略化するために使われます。また、PSK と DH 鍵共有とを組み合わせて前方秘匿性を達成するためにも使われます。ServerHello で KS と PSK を送った段階で秘密鍵の共有が完了し、これ以降暗号通信に移行します。TLS 1.2 に比べてアプリのための暗号通信を始めるまでのやりとりの回数が減り、更に暗号化された部分も増えています。これにより通信の高速化だけでなく安全性の向上も達成しています。

■ TLS 1.3のフルハンドシェイク

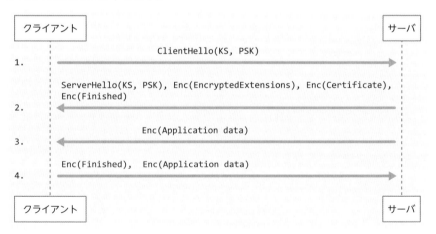

暗号化アルゴリズムの整備

TLS 1.2までは後方互換性のために安全とはいえないアルゴリズムが残っていました。そのため中間者攻撃（sec.24）が可能なときに、強制的に古く弱い暗号化アルゴリズムを使わせる**ダウングレード攻撃**の問題がありました。そこで、TLS 1.3ではMD5、SHA-1などのハッシュ関数や3DES、RC4などの暗号化アルゴリズムを禁止し、代わりにストリーム暗号ChaCha20（p.079）を導入しています。

また楕円曲線（sec.23）を用いたECDH鍵共有が標準的に使われるようになりました。そして楕円曲線の一種であるエドワーズ（Edwards）曲線**Curve25519**などを用いた署名**EdDSA**（Edwards-curve Digital Signature Algorithm）が追加されています。Curve25519という名前は$2^{255}-19$という256ビットに近い素数を使っていることから名付けられました[105][106]。

2013年、NISTが策定していた擬似乱数生成アルゴリズムDual_FC_DRBGにセキュリティ上の**バックドア**（攻撃用の抜け道）があると報道されました[107]。

NISTが定めた楕円曲線パラメータP-256やP-384には説明されていない恣意的な数値が含まれています。そのためそれらのパラメータにもバックドアが存在するかもしれないという疑惑を持つ人がいます（本当に存在するのかは分かりません）。それに対してCurve25519のパラメータの策定は提案者バーンスタイン（D. J. Bernstein）が論文でパラメータの選び方を明確に説明しています。そのため恣意的な数値は含まれていないと考えられています。またNISTのパラメータに比べて処理が高速という利点もあります[108]。

■ パラメータの選び方

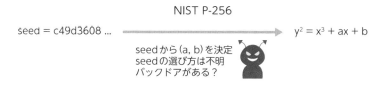

NIST P-256

seed = c49d3608 ... ⟶ $y^2 = x^3 + ax + b$

seedから(a, b)を決定
seedの選び方は不明
バックドアがある？

Curve25519

素数 p = $2^{255} - 19$
486662はセキュリティ要件を
満たす中で最小の数 ⟶ $y^2 = x^3 + 486662x^2 + x$

◉ 新しい鍵導出アルゴリズム

　ハンドシェイクによってクライアントとサーバで共有する秘密鍵を生成します。古いSSLには中間者攻撃によって攻撃される脆弱性がいくつか見つかっていました。

　そこで、TLS 1.3ではこの鍵を導出するアルゴリズムが新しく設計し直されました。HMAC（p.162）を利用した**鍵導出関数 HKDF**（HMAC-based Key Derivation Function）を使って安全性を向上させています。

　HKDFとは短いシードや補助入力から、秘密鍵として利用できる複数の安全な擬似乱数を取得する関数です。TLS 1.3は2種類のHKDFを利用します。

　秘密鍵sとメッセージmのHMACをHMAC(s, m)と書くことにします。

HKDF-Extract

　秘密ではないランダムな値saltとパスワードやDH鍵共有などの一様ランダムとは限らない値xから安全な擬似乱数鍵prkを生成します。

　HMACの秘密鍵にsaltを使い、prk = HMAC(salt, x)とします。「Extract」とは取り出すという意味です。

HKDF-Expand

　擬似乱数鍵prkと付加情報infoから複数の安全な擬似乱数T_1, T_2, ... を生成します。「Expand」とは広げる、増やすという意味です。

```
T₁ = HMAC(prk, "" || info || 1)
T₂ = HMAC(prk, T₁ || info || 2)
T₃ = HMAC(prk, T₂ || info || 3)
...
```

　infoに、鍵の用途を示すラベル文字列やハンドシェイクの中身のハッシュ値などを指定してHKDF-Expandを呼ぶ操作をDerive-Secretといいます。同じprkを使っても異なる値が出力されます。

■ 鍵導出手順

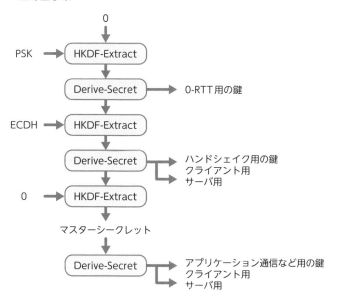

鍵導出手順の図は概略です。たとえば図では複数のDerive-Secretを一つに
まとめています。詳細な方法はRFC 8446を参照してください。事前共有鍵
PSKとデータ0からHKDF-ExtractとDerive-Secretにより0-RTT用の鍵を生成
します。0-RTTとは一度ハンドシェイクが終わってPSKが共有されている状態
でセッション再開時にいきなりデータを暗号化して送る手順です。前方秘匿性
がなく、リプレイ攻撃を受ける可能性があるなどのリスクがありますが、高速
にデータを送りたい場合に利用します。

そして導出された値とECDH鍵共有された値から同様の操作でハンドシェイ
ク時に利用する鍵を生成します。更にもう一度HKDF-Extractして**マスターシー
クレット**を生成し、そこからアプリケーション用の秘密鍵などをDerive-Secret
します。Derive-Secretされた値を秘密鍵として利用することで、仮にどれか一
つの鍵が漏洩しても他の値は分からないようになっています。なお、TLS 1.3
の規格の新しいドラフトではマスターシークレットは**メインシークレット**
（main secret）という名前に変更されています [109]。

● 形式手法による安全性検証

　共通鍵暗号や公開鍵暗号は、現在考えられる最も効率のよいアルゴリズムを元に安全性を評価する計算量的安全性に基づいて評価されています。これは現代暗号の基本ですが、個別の暗号化アルゴリズムが安全でもそれを組み合わせたときに安全でないパターンが見つかることがありました。また実装の不具合による攻撃も多数報告されています。

　そこで**形式手法**（formal method）という計算量的安全性とは異なる安全性評価の手法が研究されています。形式手法とは、あるプロトコルが与えられたときにそれが安全か否かをコンピュータプログラムで半ば自動的に判定する手法です。そのプログラムを自動検証ツールと呼びます。

　モデル検証と呼ばれる安全性検証は次の手順を踏みます。

1. プロトコルをモデル化します。モデル化とは自然言語で書かれた規格書のプロトコルに現れる登場人物や秘密情報と満たすべき安全性を数式を用いて明確にすることです。
2. モデルを自動検証ツールに入力します。ツールは様々な手順をトライしながら攻撃手順を見つければ出力します。

　自動検証ツールが攻撃手順を出力しなければ安全とみなします。たとえば**ブランシェ**（Blanchet）が中心となり開発している**ProVerif**があります[110]。ただし、実際にはツールが扱えるようにモデル化することはなかなか難しく、また攻撃手順はコンピュータのリソースの範囲内で探索します。これはつまり、攻撃方法が見つかれば安全ではないが、見つからなかったからといって安全とは保証できないという意味です。しかし、ドラフト段階で安全だろうと思われていたプロトコルがツールによって攻撃方法が発見されるということがあり、その有用性が認識されています。

　また、**定理証明**と呼ばれるコンピュータと人間が対話しながら安全性証明を作る方法もあります。たとえば**バルテ**（Barthe）たちによる**EasyCrypt**というツールがあります[111]。人間がコンピュータに推論のヒントを与えながらコンピュータにその正しさを確認してもらうのです。こちらは確かに安全である

ことを示すのに向いています。

■ モデル検証と定理証明

更に、こうして証明されたプロトコルから自動的に実際に動くプログラムを出力する手法もあります。人間が仕様書に従って実装するとどうしてもバグが入る可能性があるのでより安全性が高まります。性能面でまだまだ実用的ではないかもしれませんが、将来はその方法が主流になるかもしれません。

まとめ

▷ TLSは暗号技術を使って安全に通信するためのプロトコルで2021年現在TLS 1.3が最新版である。

▷ TLS 1.3はTLS 1.2に比べて暗号通信をするまでの手順が少ないため高速である。

▷ TLS 1.3はTLS 1.2までに存在した暗号の問題を解決して安全性を高めている。

38 認証付き暗号

認証付き暗号AEAD（Authenticated Encryption with Associated Data）とは暗号化と認証を同時に満たす暗号方式です。認証暗号AEともいいます。

● 秘匿性と完全性

共通鍵暗号はデータを隠す秘匿性はありますが、データが正しい（壊れていない、あるいは改竄されていない）ことを示す完全性はありませんでした（p.057, p.100）。逆にMACはデータの完全性を与えますが、秘匿性はありませんでした（p.161）。

そこで従来は共通鍵暗号とMACを組み合わせることでデータの秘匿性と完全性を満たすようにしていました。しかし、組み合わせ方や実装方法によって安全性が損なわれる例が相次いで報告されます。それに対してTLS 1.3で採用された**認証付き暗号 AEAD**は最初から秘匿性と完全性を両立するように注意深く設計されています。

■ 暗号技術の秘匿性と完全性

暗号技術 ＼ 性質	秘匿性	完全性
共通鍵暗号	ある	無い
MAC	無い	ある
AEAD	ある	ある

そのためAEADは共通鍵暗号とMACを組み合わせた場合に比べてより安全です。また性能がよいことも多いです。TLS 1.3ではAEADが必須となり、従来使われていた暗号化モード（sec.15）のうちCBCモードなどが削除されました。

● AEADのアルゴリズム

　AEADの暗号化は平文mと秘密鍵s、ナンスn、**関連データ**（Associated Data）dから暗号文cと**認証タグ**tと呼ばれる情報を作ります。ナンスnは同じ値を再利用してはいけません。関連データdは暗号化はしないけれども改竄を防ぎたいヘッダ情報を想定しています。dはなくても構いません。その場合を**認証暗号 AE**（Authenticated Encryption）ということがあります。認証タグtはMACのMAC値に相当します。

　ナンスn、関連データd、暗号文c、認証タグtの組(n, d, c, t)を相手に送ります。

　復号は(n, d, c, t)と秘密鍵sを用いてその完全性をチェックし、正しければ元の平文mを出力します。暗号文か認証タグが不正なときは何も出力しません。

■ AEADのアルゴリズム

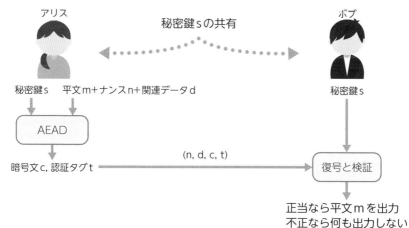

　攻撃者が自分が選んだ平文に対応する正当な暗号文をたくさん収集できる状況にあったとします。そして集めたそれらの正当な暗号文から偽の暗号文を作ろうとします。しかし、安全なAEADはそんな攻撃者に都合のよい状況であっても、正当と判断される偽の暗号文と認証タグの組を作れないように設計されています。

　つまり受信したある暗号文と認証タグの組が正当なら、その暗号文を作った

のは秘密鍵を持っている本人であると保証できる認証性があることを意味します。

● AES-GCM

TLS 1.3では次のAEADが定義されています。

■ TLS 1.3で定義されたAEAD

AEAD	暗号化方法	認証	鍵長
AES-GCM	AESのCTRモード	有限体を使ったGHASH	128/256ビット
AES-CCM	AESのCTRモード	CBC-MAC	128ビット
ChaCha20-Poly1305	ChaCha20	Poly1305	256ビット

AES-GCM（Galois/Counter Mode）はブロック暗号AESをCTRモードで利用し、認証部分に**ガロア**（Galois）体を使います。**ガロア体**とは四則演算ができる有限個の集合、有限体のことです（sec.19）。ここでは$\mathbb{F}_{2^{128}}$を指します[112]。

■ AES-GCMの暗号化概略

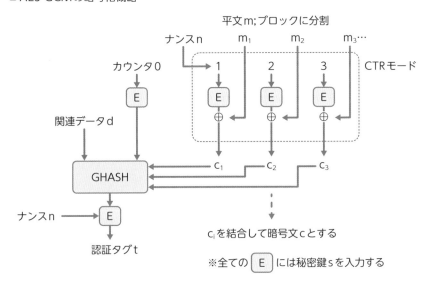

図中のEは秘密鍵sを用いた一つのブロックのAESによる暗号化を表します。1から始まる32ビットのカウンタと96ビットのナンスnを結合したものを順次暗号化します。その出力と平文の各ブロックm_iと排他的論理和をとって暗号文ブロックc_iを作ります。

GHASHは排他的論理和と有限体の演算を組み合わせた関数で、カウンタ0の暗号文、関連データdと暗号文cを入力とし、128ビットのデータを出力します。その出力結果をナンスnを用いて再度暗号化して128ビットの認証タグtを出力します。

AES-CCM（Counter with CBC-MAC）はAES-GCMと同じくブロック暗号AESの暗号化モードCTRを用いますが、認証タグの生成にGHASHではなくCBC-MACを使う点が異なります[113]。HMACはハッシュ関数を利用して作られたMACでしたが（p.162）、**CBC-MAC**は暗号化モードCBCを利用して作ったMACです。CBC-MACは一つのブロックの処理に一つの暗号化を行います。したがって、CTRモードの暗号化と合わせて一つのブロックあたり2回の暗号処理が必要です。AES-CCMは無線LAN（sec.44）のWPA2などで利用されています。

AES-GCMの方がAES-CCMよりも演算コストが少なく、並列処理が可能なので高速です。

◎ ChaCha20-Poly1305

ChaCha20-Poly1305は256ビットの秘密鍵s、96ビットのナンスn、関連データdと平文mから暗号文cと128ビットの認証タグtを生成するAEADです[25]。

ChaCha20は既に紹介したストリーム暗号（sec.12）で、**Poly1305**はMACを担当します。

図中のEは秘密鍵sとナンスnとカウンタからChaCha20の擬似乱数を生成する部分を示します。

Poly1305の提案者はChaCha20と同じバーンスタインです。Poly1305は256ビットの秘密鍵Sと平文Mから128ビットのMAC値tを生成します（記号sとmはChaCha20への入力として使っているので大文字にしました）。ChaCha20-Poly1305ではカウンタ0のChaCha20の暗号文がPoly1305の秘密

鍵Sに、関連データdとChaCha20の出力暗号文cを組み合わせたデータが
Poly1305の入力平文Mになります。

■ ChaCha20-Poly1305の暗号化概略

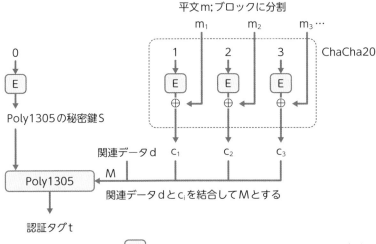

Poly1305のアルゴリズムは次の通りです。pを$2^{130}-5$という素数とします。
この素数pがPoly1305の名前の由来です。256ビットの秘密鍵Sから124ビッ
トの整数rと128ビットの整数bを作ります。初期値の整数aを0とします。平
文Mを128ビットずつのブロックM_iに分解し、それを整数とみなします。

$$a \leftarrow ((a + M_i) \times r) \bmod p$$

という計算を繰り返してaを更新します。最後に秘密鍵から作ったbをaに足
してMAC値tとします。

■ Poly1305の概要

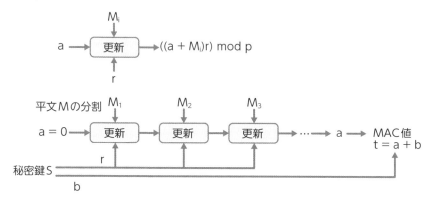

Intel系CPUはAESや有限体を処理する専用命令を持っています。そのため
AES-GCMはAES-CCMやChaCha20-Poly1305に比べて数倍高速です。しかし、
ChaCha20-Poly1305は専用命令を持たないような組み込み系CPUでも高速に
処理できるように設計されたため、そういったCPUではChaCha20-Poly1305
がAES-GCMより高速です。

■ 各種AEADのパフォーマンス比較

AEAD	Intel系CPU	組み込み系CPU
AES-GCM	◎	○
AES-CCM	△	△
ChaCha20-Poly1305	○	◎

まとめ

▷ **認証付き暗号AEADは秘匿性と完全性を備えた暗号である。**

▷ **TLS 1.3では AEAD が必須となっている。**

▷ **AES-GCM や ChaCh20-Poly1305 が高速でよく利用される。**

39 前方秘匿性

前方秘匿性FS（Forward Secrecy）の概念は1990年頃からあったのですが、2013年に発覚した国家レベルでの盗聴問題をきっかけに重要視されるようになりました。現在では必須の技術となっています。

● 盗聴と秘密鍵の漏洩

　データを安全にやりとりするためには、共通鍵暗号の高速性と公開鍵暗号の利便性を組み合わせたハイブリッド暗号が用いられました（p.118）。たとえばボブは公開鍵暗号RSAの秘密鍵s'と公開鍵Sを準備して公開鍵Sをアリスに渡しておきます。アリスは共通鍵暗号AESの秘密鍵sを用意して平文mを暗号化して暗号文c=AES(s, m)を作り、その秘密鍵sを公開鍵暗号RSAの公開鍵Sで暗号化して暗号文c'=RSA(S, s)を作ります。暗号文の組(c, c')をボブに送ります。ボブはRSAの秘密鍵s'でRSAの暗号文c'を復号してAESの秘密鍵sを取得し、それを用いてAESの暗号文cを復号して平文mを得ます。

■ ハイブリッド暗号

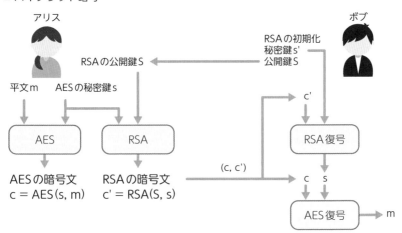

ここでハイブリッド暗号による通信のやりとりを盗聴して暗号文の組(c_1, c'_1)、(c_2, c'_2), ... を記録し続けている攻撃者がいたとしましょう。あるとき、ボブが公開鍵暗号RSAの秘密鍵s'をうっかり漏洩してしまいました。

　すると、その攻撃者は今までの記録した情報のうち公開鍵暗号による暗号文$c'_1 = \mathrm{RSA}(S, s_1)$をその秘密鍵$s'$で復号できます。したがって、共通鍵暗号の秘密鍵$s_1$を取得でき、それを用いてAESの暗号文$c_1$を復号して平文$m_1$を入手できてしまいます。($c_2$, c'_2)や(c_3, c'_3)についても同様です。

■ 前方秘匿性の無い通信

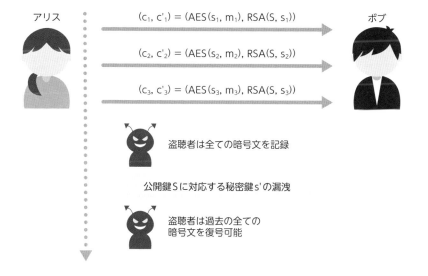

アリス

$(c_1, c'_1) = (\mathrm{AES}(s_1, m_1), \mathrm{RSA}(S, s_1))$

$(c_2, c'_2) = (\mathrm{AES}(s_2, m_2), \mathrm{RSA}(S, s_2))$

$(c_3, c'_3) = (\mathrm{AES}(s_3, m_3), \mathrm{RSA}(S, s_3))$

ボブ

盗聴者は全ての暗号文を記録

公開鍵Sに対応する秘密鍵s'の漏洩

盗聴者は過去の全ての
暗号文を復号可能

　2013年に**アメリカ国家安全保障局 NSA**（National Security Agency）がプリズム（PRISM）というコードネームでインターネットの通信を盗聴・保存・解析していたことが暴露されました[114][115]。

　プリズムの存在は**スノーデン**（E. Snowden）が告発しました。アメリカの警察機関である**連邦捜査局 FBI**（Federal Bureau of Investigation）はスノーデンを告訴し、スノーデンが利用していたメールサービス事業者Lavabitに公開鍵暗号の秘密鍵を提出するよう裁判所が求めました。Lavavitの秘密鍵を入手すれば、盗聴している暗号化されたメールを復号して中身を読めるからです。上記のようなシナリオが現実化したのです[116]。

秘密鍵を渡すとスノーデン以外のユーザのメールも盗聴できてしまうため、Lavabitは秘密鍵を読めないような小さいフォントで印刷して裁判所に提出することで対抗しました [117]。

■ 読めないようにして提出された秘密鍵（裁判の証拠物件 145ページの引用）

しかし裁判所の命令には逆らえず、最終的には電子データを提出してメールサービスを終了しました。

北アメリカネットワークオペレーターズ・グループNANOG（The North American Network Operators' Group）の動画（46分頃）では、Lavabitの開発者レビソン（L. Levison）がDH鍵共有を使っていればよかったのではという話が出ています。その場合、秘密鍵を提出してもそれぞれの通信の暗号文を解読するのは困難だからです。ただし、当時のクライアントの環境ではそれを有効活用できる人は少なかっただろうとも述べられています [118]。

この事件をきっかけに、長期間利用される公開鍵暗号の秘密鍵が漏洩しても、それまでに通信していた暗号文の内容は保護されるような性質が重要視されるようになりました。この性質を**前方秘匿性 FS**といいます [119]。

◉ 前方秘匿性

DH鍵共有を使った前方秘匿性の例を紹介します。DH鍵共有で毎回新しい秘密鍵s_1, s_2, ... を生成します。その秘密鍵を用いてAESで平文m_1, m_2, ... を暗号化して暗号文c_1, c_2, ... を送ります。

盗聴者はDH鍵共有で送受信した公開パラメータと暗号文c_1, c_2, ... を記録し

ています。この場合、ある時点でのDH鍵共有で作った秘密鍵s_iが漏洩したとしても、それはそれ以前に作った秘密鍵$s_1, s_2, ...$とは無関係です。

したがって、過去の暗号文$c_1, c_2, ...$を復号できません。

■ 前方秘匿性

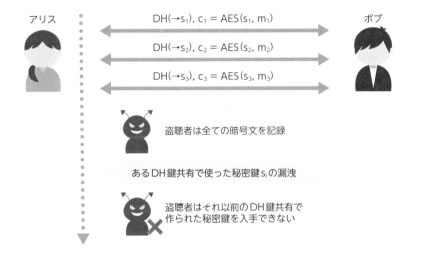

アリス
DH($\rightarrow s_1$), c_1 = AES(s_1, m_1)
DH($\rightarrow s_2$), c_2 = AES(s_2, m_2)
DH($\rightarrow s_3$), c_3 = AES(s_3, m_3)
ボブ

盗聴者は全ての暗号文を記録

あるDH鍵共有で使った秘密鍵s_iの漏洩

盗聴者はそれ以前のDH鍵共有で
作られた秘密鍵を入手できない

TLS 1.3ではプリズム事件をきっかけに、長期間の盗聴に対する安全性確保の課題が再認識されて、前方秘匿性の無い方式が削除されました。DH鍵共有、あるいは楕円曲線を使ったECDH鍵共有を用いて、毎回使い捨て（Ephemeral）の鍵s_iを作るのでDHEや**ECDHE**と呼ばれます。詳細は鍵導出関数（p.220）を参照ください。

まとめ

▷ **前方秘匿性は、ある時点での秘密鍵が漏洩してもそれより昔の通信の秘匿性を確保する。**

▷ **TLS 1.3では前方秘匿性は必須となっている。**

▷ **前方秘匿性のためにDH鍵共有やECDH鍵共有が使われる。**

8章

ネットワーク
セキュリティ

前章で解説したTLSは安全な通信を提供するビルディングブロックとしてHTTPS以外の様々な場面で利用されています。また逆に、TLSでデータをやりとりする前の段階で考慮しなければならないセキュリティもあります。

40 DNS

インターネット上で、あるサイトにアクセスするにはそのサイトのIPアドレスを知る必要があります。そのためのDNSの仕組みと安全性、およびプライバシーの問題について解説します。

権威DNSサーバとキャッシュDNSサーバ

　インターネット上では全てのドメイン名（sec.35）に、**IPアドレス**が割り当てられていて、あるサイトにアクセスするときはそのIPアドレスが必要です。ドメイン名からIPアドレスを得ることを名前解決、その仕組みを**DNS**（Domain Name System）、DNSを実行するサーバをDNSサーバといいます。

　DNSは階層的にドメイン名とIPアドレスの組を管理します。最上位にはjpやcomなどのトップレベルドメインTLDを振り分けるルートサーバがあり、ルートサーバはjpやcomなどそれぞれを管轄するDNSサーバなどを把握しています。jpを管轄するDNSサーバXはco.jpやgo.jpなどそれぞれを管轄するDNSサーバを把握しています。これらのサーバを**権威DNSサーバ**といいます。

■ 権威DNSサーバを用いた階層的な名前解決

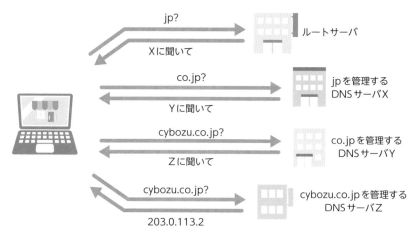

jp?
Xに聞いて
ルートサーバ

co.jp?
Yに聞いて
jpを管理する
DNSサーバX

cybozu.co.jp?
Zに聞いて
co.jpを管理する
DNSサーバY

cybozu.co.jp?
cybozu.co.jpを管理する
DNSサーバZ

203.0.113.2

たとえば、ユーザがcybozu.co.jpの名前解決をしたいとき、まずルートサーバに問い合わせます。ルートサーバはjpを管理するDNSサーバXを紹介します。そこでユーザはサーバXに問い合わせると、今度はco.jpを管理するDNSサーバYを紹介されます。そこでユーザはサーバYに問い合わせると、今度はcybozu.co.jpを管理するDNSサーバZを紹介されます。最終的にサーバZに問い合わせて、cybozu.co.jpの対応するIPアドレスの名前解決が完了します。

あるドメイン名にアクセスするたびにこんな問い合わせをしていては大変です。したがって、実際にはある程度のドメイン名とIPアドレスの対応表をキャッシュとして保持する**キャッシュDNSサーバ**（DNSキャッシュサーバとも）を用意します。ブラウザはシステムに設定されたキャッシュDNSサーバに問い合わせることで素早く名前解決します。問われたドメイン名がキャッシュに無かったり、一定期間経ってキャッシュが破棄されたりするとキャッシュDNSサーバは権威DNSサーバに最新情報を問い合わせます。

■ キャッシュ DNS サーバ

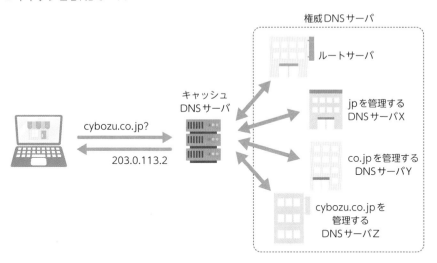

● キャッシュ・ポイズニング

DNSのプロトコルは主にUDPというプロトコルを用います。データは平文で送られ、誤り検出機能はありません。512バイトより大きいデータを扱った

り、後述のような安全性を高めたりしたいときにはTCPを使うこともあります。UDPやTCPについては（sec.42）も参照ください。

　攻撃者がキャッシュDNSサーバに対しく、ドメイン名に対応する偽のIPアドレスを送ってキャッシュの中身をコントロールします。キャッシュを汚染する（poisoning）ので**キャッシュ・ポイズニング攻撃**と呼ばれます。2008年**カミンスキー**（Kaminsky）が効率的なキャッシュ・ポイズニング攻撃を提案します。

　クライアントが、攻撃されたキャッシュDNSサーバに問い合わせると間違ったIPアドレスが返されます。攻撃者はそのIPアドレスに偽のサイトを作り、クライアントに重要な情報を入力させます。

■ カミンスキー攻撃

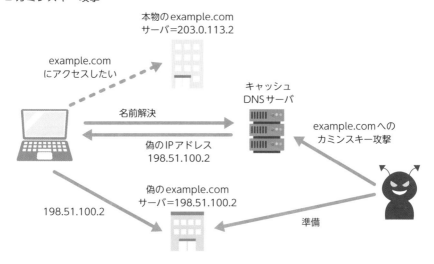

◉ DNSSEC

　キャッシュ・ポイズニング攻撃がより現実的になり、その対策としてDNSの応答が正しいことを確認できる**DNSSEC**（DNS SECurity extensions）が導入されました。DNSSECは権威DNSサーバが返す値に署名を付与したものです。キャッシュDNSサーバはその署名を検証することでキャッシュ・ポイズニング攻撃を防御します。

■ DNSSEC

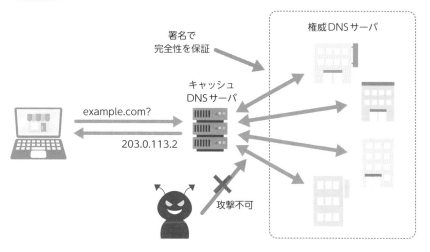

署名で
完全性を保証

権威DNSサーバ

キャッシュ
DNSサーバ

example.com?

203.0.113.2

攻撃不可

パブリックDNSサーバ

　自宅でインターネットに接続するときは、通常契約しているインターネット
サービスプロバイダ ISP（Internet Service Provider）が提供するDNSサーバを利
用します。会社などの組織では、しばしば組織限定のサーバが稼働しています。
そのため組織専用のDNSサーバを設置して、サーバの名前解決を行います。
そういったDNSサーバは外部からアクセスされないようにしていることが多
いです。それに対してGoogleやCloudflareなどはどこからでもアクセスできる
パブリックDNSサーバを提供しています。パブリックDNSサーバは高速性や
安定性を謳っています。

　パブリックDNSサーバを使うと自分がどこのサーバにアクセスするのかと
いう情報がそのサーバに集積するため、プライバシーの懸念点があります。ま
た、ISPは国や地域ごとに導入しているDNSに対するフィルタリングや最適な
通信経路の提供ができなくなります。たとえば現在日本では緊急避難として児
童ポルノブロッキングをしていますが、それをすり抜けます。クライアントの
プライバシーと国ごとの事情や経路最適化の問題については今後の課題です。

⦿ DoTとDoH

　DNSSECは権威DNSサーバとキャッシュDNSサーバの間の通信の完全性を提供します。しかし、クライアントとキャッシュDNSサーバ（パブリックDNSサーバを含む）の間の通信は従来のままで、秘匿性や完全性がありません。

■ DNSSECとDoT・DoHのスコープ

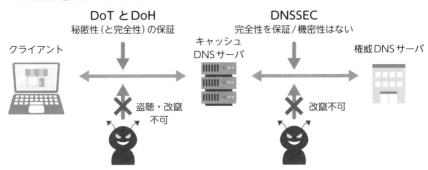

　そこでその通信に秘匿性と完全性を持たせるために導入されたのが**DoT**（DNS over TLS）や**DoH**（DNS over HTTPS）です。DoTは2016年にRFC7858、DoHは2018年にRFC8484として標準化されました。DoTやDoHとDNSSECは守るべきもの（機密性か完全性か）と守る場所が異なることに注意してください。DoTとDoHは主にパブリックDNSサーバを使うときを想定しています。

　DoTは通信時にポート番号853を使うのでファイアウォールが検知して遮断する場合があります。DoTの設定はシステムのDNSで行います。それに対してDoHはHTTPSを使うのでパケットを見るだけではDoHかどうか分からずファイアウォールで遮断できません。ただしアプリケーションごとに設定が必要です。パブリックなDoTやDoHを指定すると、イントラネットのプライベイトなサーバにアクセスできなくなる可能性があります。

■ DoTとDoH

プロトコル	レイヤ	通信の検知	ユーザの設定
DoT	TLS（853/TCP）	可能	システムで設定
DoH	HTTPS	困難	アプリ（特にブラウザ）ごとに設定

● ESNIとECH

　レンタルサーバなどのクラウドサービスでは多数のドメイン名のサーバを扱います。そこで、一台のサーバで複数のドメイン名によるサービスを管理するバーチャルホストを利用します。名前ベースのバーチャルホストは、クライアントがサーバにアクセスするとき、自分がどのサーバにアクセスしたいかを名前で指定します。HTTPSでアクセスする場合、TLSの通信プロトコル（sec.37）を見ると、サーバはServerHelloの中で証明書を返します。したがって、それより前にクライアントは自分がアクセスしたい名前をサーバに教えなければなりません。**SNI**（Server Name Indication）とはClientHelloの中に名前を記述するTLSの拡張です[120]。

■ SNI

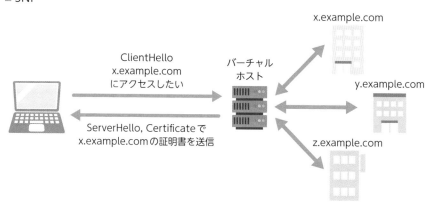

ClientHello
x.example.com
にアクセスしたい

バーチャル
ホスト

ServerHello, Certificateで
x.example.comの証明書を送信

x.example.com
y.example.com
z.example.com

　SNIに書かれたサーバの名前はClientHelloの中にあるためHTTPSであっても暗号化されていません。したがって、DoTやDoHによって接続したいドメイン名を隠したとしても、盗聴したHTTPSのパケットのClientHelloを見ればそのクライアントがどこにアクセスしたいかが分かります。

　2018年、コンテンツ配信サービスを提供しているCloudflareは、SNIを暗号化する**ESNI**（Encrypted SNI）とDoHを組み合わせた仕組みを始めました[121]。

　2021年現在、ESNIを含む形でClientHelloの中のSNIだけでなくClientHello全体を暗号化する**ECH**（Encrypted ClientHello）の標準化が進められています

[122]。また並行して DNS を拡張して **SVCB**（SerViCe Binding）や **HTTPS RR**（Resource Record）というレコードの追加が検討されています [123]。ClientHello を暗号化するには何らかの公開鍵が必要です。HTTPS RR はその公開鍵の情報を含み、ECH はその公開鍵を用いて ClientHello を暗号化します [124]。ECH の暗号化には次項で紹介するハイブリッド公開鍵暗号 **HPKE**（Hybrid Public Key Encryption）の利用が検討されています。

■ DoH と ECH による TLS 1.3 のハンドシェイク開始

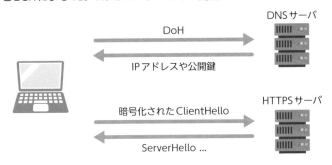

従来の通信では通信先が分かるのでそれに応じた検閲が可能です。ESNI や ECH を使うと通信先も分からないのでユーザのプライバシーはより強固になります。しかし、政府が国民のインターネットの利用を制御したい場合に扱いづらいものとなります。2020年8月、中国は国内の検閲システムグレート・ファイアウォール GFW（Great FireWall）が TLS 1.3 と ESNI を組み合わせた通信をブロックすることにしました [125]。2020年10月にはロシアも ESNI をブロックするという報道がありました [126]。今後の動向が注目されます。

◉ HPKE

従来のハイブリッド暗号（p.118）は共通鍵暗号の秘密鍵を公開鍵暗号の公開鍵で暗号化する仕組みでした。いろいろな方式が提案されていましたが、方式によっては相互運用しづらい、古い暗号技術を利用している、安全性証明がないなどの問題がありました。そこで、それらの問題点を解消するために HPKE は最新の知見に基づいて共通鍵の生成と公開鍵を利用する仕組み全体を定めま

す。HPKEは楕円曲線を用いた鍵共有ECDH（p.135）、シードから安全な秘密鍵を生成する鍵導出関数HKDF（p.220）、正しく暗号化されているかを検証できるAEAD（p.224）を用いて構成します。アリスがボブに暗号文を送る際の共有秘密鍵の作り方を紹介しましょう。Pを楕円曲線の点とします。

1. ボブは秘密鍵bから公開鍵bPを作りアリスにbPを渡す。
2. 鍵カプセル化：アリスは一時的な乱数tを生成しtPを作る。そして共有秘密鍵key = HKDF(tbP, tP, bP)を作りtPをボブに送る。
3. 鍵デカプセル化：ボブは自分の秘密鍵bとtPから共有秘密鍵key = HKDF(btP, tP, bP)を計算する。

　アリスがtbPを、ボブがbtPを作り、それらが等しいというのがDH鍵共有です。この後keyを使ってAEADで平文を暗号化して通信します。詳細はHPKEのドラフト[127]を参照ください。

■ HPKEの鍵カプセル化と鍵デカプセル化

まとめ

▶ **DNSSEC は権威 DNS サーバとキャッシュ DNS サーバの間の完全性を保証する。**

▶ **DoT や DoH はクライアントとキャッシュ DNS サーバ間を TLS や HTTPS で暗号化する。**

▶ **ECH は TLS の ClientHello 自体を暗号化する。**

41 メール

メールは古くから使われている通信手段の一つです。歴史が長いので様々な問題やその対策が行われています。

● SMTPとPOP3

SMTP (Simple Mail Transfer Protocol) とは電子メールを転送するプロトコルです。1982年にRFC821と策定され、2021年現在2008年に改定されたRFC5321が最新版です [128]。

SMTPはメールサーバ (メールを転送したり振り分けたりするサーバ) を介して相手にメールを送ります。複数のメールサーバを経由してメールが届くことがあります。メールクライアントソフトを使ってメールサーバからメールを取り出すプロトコルを**POP3** (Post Office Protocol version 3) といいます [129]。POP3を使う場合はメールを取り出した後はメールサーバからメールを削除する運用が多いです。

■ SMTPとPOP3

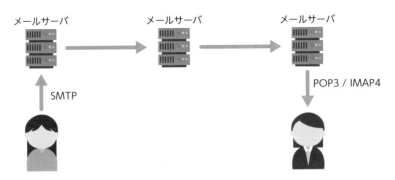

大昔に策定されたプロトコルなのでメールデータは平文のまま送受信しま

す。認証もユーザ名やパスワードが平文で流れるものでした。それを改善した**APOP**（Automatic POP）というのもありましたが、2007年に深刻な脆弱性が見つかりました [130]。

IMAP4（Internet Message Access Protocol version 4）はPOP3と異なりメールサーバにメールを保存したまま、管理する形態です。ユーザは様々なクライアントからメールサーバにアクセスしてメールを参照できます [131]。

メールを安全に送受信するために、HTTPに対するHTTPSと同様、TLS上でSMTP, POP3, IMAP4を実行する**SMTPs**, POP3s, IMAP4sという仕組みが使われます。STARTTLSという途中で暗号化する方式もありますが、完全な安全性は得られません。

ただしSMTPsやPOP3sが提供する安全性は自分とメールサーバの間のみに限定されます。一般的にメールサーバ間や、相手がSMTPやPOP3を使っている場合にはその経路は従来のまま平文で流れます。

■ SMTPs

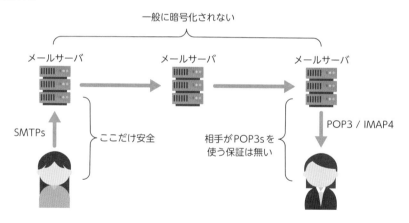

○ S/MIME

前項のように、SMTPsやPOP3sなどを使っても不十分な安全性しか得られません。クライアントとクライアント間の完全な安全性を望む場合はS/MIMEを使います。もともと、メールはASCIIコード（p.037）でわずか1キロバイトほどのテキストデータしか想定していませんでした。日本語は扱えないし音声

や動画ももちろん送れません。そのため様々なデータを扱えるように符号化方式を定めたものが多目的インターネットメール拡張MIME（Multipurpose Internet Mail Extension）です。そしてMIMEに秘匿性と完全性を提供する規格がS/MIME（Secure MIME）です[132]。

　秘匿性を達成するために公開鍵暗号、完全性や否認防止を達成するために署名が使われます。送信者のクライアントから受信者のクライアントまでを暗号化するので**エンドツーエンド E2E**（End-to-End）暗号化と呼ばれます。秘匿性が不要なら署名のみ利用します。

　署名がついたメールには、本文に加えて「smime.p7s」という名前の添付ファイルが付きます。Windowsの場合「暗号化シェル拡張」という標準ソフトで開くと送り主による証明書と、どの認証局が利用されているかを確認できます。

■ smime.p7s

S/MIMEに対応したメールクライアントソフトを使い、手元で暗号化や署名をしてからメールを送信すると安全です。ただしS/MIMEで送られてきたメールはS/MIMEに対応したメールクライアントソフトを用いないと中身が読めません。公開鍵暗号を利用する場合は相手の公開鍵を入手しておく必要もあります。そのため、今のところあまり普及してしません。

● Webメール

　Webメールとはメールクライアントソフトの代わりにブラウザを利用してメールサーバとやりとりする方式です。Yahoo!が提供するYahoo!メール、Googleが提供するGmail、Microsoftが提供するOutlook.comなど様々なサービ

スがあります。

Webメールはクライアントの端末でTLS経由でアクセスするため、その間の経路は安全です。また、同じサービス会社を利用するクライアント同士でのメールのやりとりは（おそらく内部のサーバ同士の通信で行われるか、インターネットを経由したとしてもTLSなどの暗号化により）第三者による盗聴は困難と思われます。ただし、サービス提供者は原理的に中身を全て閲覧可能です。迷惑メールのフィルタリングやウイルスチェックをしてくれる反面、メール内容に応じた広告が表示されたり、メール内容の検閲が行われたりすることがあります。Webメールは便利だけれどもS/MIMEとは相性が悪くプライバシーの懸念があります。

E2E暗号化を提供するメールサービスにはProtonMailやTutanotaなどがあります。またメールではありませんが、メッセージをやりとりするメッセンジャーサービスの一つであるLINEは、一対一の通信時にLetter Sealingと呼ばれるE2E暗号化を導入しています[133]。

他にSignal、WhatsAppやiMessageといったアプリもE2E暗号化をしています。

メッセージの安全性の議論をするMLS（Messaging Layer Security）はE2E暗号化の機能定義の標準化を進めています[134]。

まとめ

- ▶ メールはS/MIMEを使うと秘匿性や完全性を達成できる。
- ▶ 一般的なWebメールは安全性をサービス運営者に全て任せることになる。
- ▶ E2E暗号化をサポートするメールやメッセージサービスがある。

42 VPN

テレワークの普及に伴い、自宅や外出先から会社のコンピュータにアクセスする機会が増えています。そういった場面で安全にアクセスするための方法の一つがVPNです。

● インターネットプロトコルスイート

　VPNの前にまずインターネットの通信について簡単に紹介します。インターネットは複数のホスト（コンピュータ機器）がいくつかの中継機器を経由しながら互いにデータを送受信するシステムです。

　RFC1122で定義されたインターネットの通信規格は、**インターネットプロトコルスイート**と呼ばれ、**アプリケーション層・トランスポート層・インターネット層・リンク層**の4層からなります。アプリケーション層は今まで紹介してきたHTTP、HTTPS、TLS、SMTP、DNSなどのプロトコルです。トランスポート層はアプリケーション層のデータを転送するための層で、通信の信頼性を求めた**TCP**と高速性を求めた**UDP**があります。インターネット層はTCPやUDPのデータを**IP**（Internet Protocol）**パケット**というデータの中に入れてホストからホストまで送ります。リンク層は直接接続された機器同士でIPパケットを送受信します。有線では**イーサネット**（Ethernet）、無線では**IEEE 802.11**（sec.44）という規格が標準です。

　通信階層のモデル化にはいくつか種類があり、他にOSI（Open Systems Interconnection）参照モデルが有名ですがここでは省略します。

■ インターネットプロトコルスイート

層	主なプロトコル
アプリケーション	HTTP、HTTPS、SMTP、DNS
トランスポート	TCP、UDP
インターネット	IP
リンク	イーサネット、IEEE 802.11

● データ構造

　HTTPやSMTPなどのデータXがネットワーク上を流れるときはいくつかの
サイズに分割されてTCPパケットの中に入れられます。TCPパケットはアプ
リケーション層で使われるポート番号を含みます。SMTPなら25番、TLSなら
443番などとデフォルトの値が決まっています。同じホスト（IPアドレス）で
もポート番号が違うことで複数のアプリケーションを利用できます。

　TCPパケットはIPv4やIPv6と呼ばれるIPのバージョンに応じたIPパケット
に入れられます。IPパケットは送信元と送信先のIPアドレスを含みます。

　そして、IPパケットはイーサネットのフレームに入れられます。全てのネッ
トワーク機器には、MAC（Media Access Control）アドレスと呼ばれる6バイト
の機種固有の番号が割り当てられています。**MACアドレス**はメッセージ認証
符号のMACとは無関係ですのでご注意ください。フレームは送信元と送信先
のMACアドレスを含みます。

　このような多重構造を持ち、それぞれの層では基本的にデータの中身は気に
せず、自身が担当するフレームやパケットを送ることだけに専念します。

■ フレームやパケットの多重構造

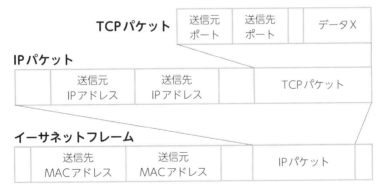

● LANからインターネットへ

　LAN（Local Area Network）とは家庭内、会社内などの閉じたネットワーク環
境のことです。LAN内のネットワーク機器同士はイーサネットのフレームをや

りとりします。

　自宅のLAN環境からインターネットに接続するには、(有線の)インターネットサービスプロバイダに加入してインターネット回線を開通してもらいます。LAN環境とインターネットは異なるネットワークなので、フレームはそのままでは通りません。相互接続するためにはフレームを変換する機器ルーターが必要です。いわゆるブロードバンドルーターは、ルーターの機能に加えて、外部から内部へのアクセスを遮断するファイアウォールの機能やLAN内のIPアドレスを管理する**DHCP**(Dynamic Host Configuration Protocol)サーバの機能などが内蔵されています。DHCPを有効にしていると、新しい機器AをLANに接続したら、自動的にその機器AがDHCPサーバに問い合わせしてIPアドレスが割り振られ、通信に必要なその他の情報も設定されます。

　機器Aと外部との通信はルーターを経由し、LAN内の通信はイーサネットフレームでやりとりするのでルーターのMACアドレスが必要です。

　MACアドレスは**ARP**(Address Resolution Protocol)というプロトコルを利用してルーターのIPアドレスから取得します。MACアドレスは機材が変わらない限り同じなので一定期間ARPの結果を保持しておきます。概ねここまでが初期設定の範囲です。

　機器Aがexample.comにアクセスしたいとき、まず名前解決(sec.40)をしてexample.comに対応するIPアドレスを取得する必要がありました。

　機器AがDNSのパケットをルーターに送りexample.comのIPアドレスを解決してようやくexample.comへアクセスが始まるのです。

■ example.comにアクセスするまで

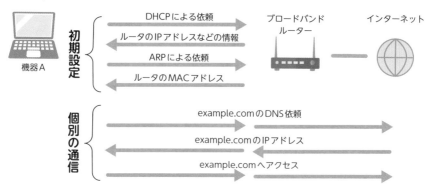

● VPN

　自宅のLAN環境と会社のLAN環境、あるいは会社が複数の支社に分かれて
いると、それぞれのネットワークの設定が異なり、ファイアウォールで守られ
ているため相互接続できません。**VPN**（Virtual Private Network）とはこのよう
なネットワークを接続する技術の一つです。

　専用回線を使うと高速で安定した通信が可能ですが高価なことが多いです。
そこで専用回線を共有するIP-VPNやインターネット経由で接続するインター
ネットVPNがよく使われます。

　本社と支社のLANを接続するインターネットVPNを拠点（サイト）間VPNと
いいます。それぞれのLAN内にVPNの処理をするVPNゲートウェイが必要で
すが、接続されたLAN内のマシンは、通常VPNでつながっていることを意識
する必要はありません。自宅のマシンを会社のマシンに接続する形態をリモー
トアクセスVPNといいます。

■ VPN

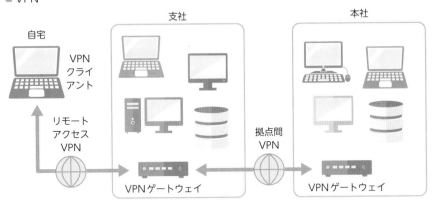

● VPNの種別

　VPNは方式や用途により、多くの種類があります。ここではリモートアク
セスVPNについて、ネットワーク階層に注目した分類を紹介します。**レイヤ2**
（イーサネットフレーム）あるいは**レイヤ3**（IPパケット）を**トンネリング**する

VPNがあります。レイヤ2やレイヤ3というのは、OSI参照モデルでの呼称です。

　ここでトンネリングとは、VPNゲートウェイ間で該当データ（フレームやIPパケット）があたかもそのまま送受信されたかのように見せる仕組みです。もちろん、データをそのまま送ると経路上で盗聴・改竄の危険性があります。そのためデータを暗号化し、改竄できないように変換します。この操作を**カプセル化**といいます。VPNゲートウェイでデータをカプセル化し、相手のVPNゲートウェイで検証と復号をして元のデータを取り出します。

■ カプセル化とトンネリング

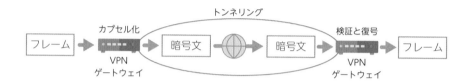

　レイヤ2 VPNを使うと自宅のマシンが、あたかも会社のLAN環境に直接接続されたように見えます。ARPや古いWindowsネットワーク（NetBEUI）などもそのまま通信できます。

　レイヤ3 VPNはアプリケーションやサービスごとに利用したいポート番号などを細かく設定して利用します。見かけ上ルーターを一つ通した形になるのでレイヤ2 VPNに比べて利便性は少し劣ります。後述するIPsecが有名です。

　SSL-VPNはTLSを用いてVPNを実現する仕組みの総称です（現在SSLは使われていませんが歴史的に名前が残っています）。SSL-VPNのリバースプロキシ方式を使うと、クライアントが特定のURL（たとえば https://vpn.example.com/X ）にアクセスすれば、SSL-VPNゲートウェイがLAN内の対応するローカルなサーバ（たとえば http://X.in.example.com ）にアクセスするよう変換します。LAN内のHTTPサーバにしかアクセスできませんが、クライアントは特別なソフトをインストールしなくても利用できる利便性があります。

　SSL-VPNのL2フォワーディング方式はフレームをトンネリングすることでレイヤ2 VPNを実現します。

　リモートアクセスVPNは、スマートカードやUSBトークンなどを用いた厳格なクライアント認証方法を用いて安全性を高めることが多いです。

■ レイヤ2 VPNとSSL-VPN（リバースプロキシ）

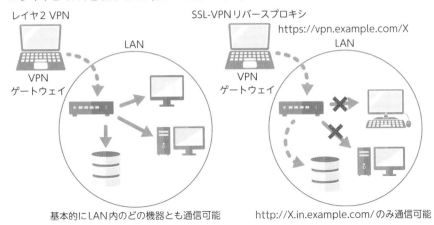

レイヤ2 VPN

SSL-VPNリバースプロキシ

https://vpn.example.com/X

LAN

LAN

VPN
ゲートウェイ

VPN
ゲートウェイ

基本的にLAN内のどの機器とも通信可能

http://X.in.example.com/のみ通信可能

● IPsec

IPsec（Internet Protocol security）とはIPパケットを秘匿し、改竄を防ぐプロトコルです。1995年に策定されて以来、何度も改定されているため仕様や設定が複雑です[135]。VPNゲート間やVPNゲートとクライアント間を安全にするトンネルモードがよく使われます。鍵交換プロトコルIKE（Internet Key Exchange）でDH鍵共有を用いて双方向の認証をして接続を開始、ESP（Encapsulated Security Payload）で認証付き暗号を使います。IPsecはレイヤ3 VPNなのでレイヤ2 VPNを実現するには、**L2TPv3**（Layer 2 Tunneling Protocol）というイーサネットフレームを平文で通すプロトコルと組み合わせたL2TPv3/IPsecを用います[136]。

> ### まとめ
>
> ▶ **VPNは異なるネットワークを安全に相互接続する。**
>
> ▶ **用途に応じてレイヤ2やレイヤ3のVPNを利用する。**
>
> ▶ **SSL-VPNはTLSで通信することで秘匿性と完全性を保証する。**

43 HTTP/3

HTTP/1.1は1997年に登場したWebページを取得する標準プロトコルですが、高速通信に向かない仕様でした。そこで、それらの問題を改善したHTTP/2やQUICという規格が登場し、それらをベースに2018年HTTP/3が策定されました。

● HTTP/2

　多くのWebサイトはテキスト・画像・スタイルシートやJavaScriptなど様々なデータを元に一つのページが構成されています。HTTP/1.1までは一つのコネクションで複数のデータ要求をしても順番に受け取るしかできませんでした。そこでGoogleは2012年に**SPDY**（スピーディー）というHTTPの高速なプロトコルを開発し、2015年、IETFがHTTPの新しい規格**HTTP/2**として標準化しました[137][138]。

　HTTP/2ではストリームと呼ばれるデータ要求と受け取りの仕組みを導入し、複数のストリームを並行して処理できます。これを**ストリームの多重化**といいます。

■　ストリームの多重化

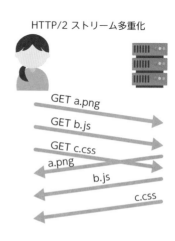

またデータのやりとりでテキストベースだったものをバイナリベースとして通信量を減らす工夫があります。ただTCPベースなのは変わらず、TCPパケットの一部が欠損するとそのパケットが再送されるまでストリーム全体が止まってしまう**HOLブロッキング**（Head-Of-Line blocking）という問題がありました。

○ QUIC

TLS 1.3は通信を高速化するために、TLS 1.2と比べて接続開始までのハンドシェイクの回数を減らしました。しかし、トランスポート層でTCPを利用しているのは変わっていません。

TCPは信頼性を担保するために接続開始時に3-wayハンドシェイクをします。

3-wayハンドシェイクとは

1. アリスが接続要求パケットSYN（SYNchronize）をボブに送り、

2. ボブが了解と接続要求パケットSYN/ACK（ACKnowledge）を返し、

3. アリスが了解パケットACKをボブに出して

初めてTCPの接続が始まる仕組みです。

■ TCPの3-wayハンドシェイクとUDP

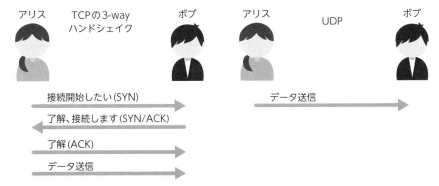

アリスとボブが遠く離れていると接続開始までの待ち時間が大きくなります。それに対してUDPは3-wayハンドシェイクはせず、データを送るだけなので素早く通信を始められます。

TCPは他にもデータ順序の保証や正しく終了されたことを確認するFIN（FINish）、データ流量を管理する輻輳（ふくそう）制御の仕組みがあります。こういった機構は通常のデータ通信では重要なのですが、TLSでも同様の作業をして二重管理になっている部分があります。

そこでGoogleは2012年頃から**QUIC**（クイック）と呼ばれる新しいネットワークプロトコルを提案します[139]。QUICはTCPではなくUDPを利用するという大きな変革を行いました。UDPは途中でデータが欠損したり、順序が入れ代わったりする可能性があるので、それらに対処するTCPの機能をQUICが担当します。

QUICではコネクションを**Connection ID**と呼ばれる識別子を利用して管理します。コネクションはデータを送受信できるストリームを複数持ち、データ欠損などへの対処はストリームごとに独立して行われます。これによりQUICはHOLブロッキング問題を解消しました。

TCPはOSが処理するのに対してQUICはユーザアプリケーション（のライブラリ）が処理するので仕様の変更をやりやすいという利点があります。GoogleはブラウザChromeで実験をしながら改良を進めました。

そして2021年5月にはQUICがRFC 9000として標準化されました[140]。

TCPによる従来の通信は、通信中にモバイル回線から無線LANに切り換えると接続が一度途切れました。主な理由はIPアドレスが変わるためです。QUICのコネクションは通信元や通信先のIPアドレスやポート番号に依存しないため、それらが変わってもハンドシェイクのやり直しが発生せず、通信は途切れません。この仕組みを**コネクションマイグレーション**（connection migration）といい、QUICの特長の一つです。

⬤ HTTP/3

2016年頃からGoogleはQUICの標準化を進め、2018年にIETFはHTTP/QUICをHTTPの新しい規格**HTTP/3**として採用しました[141]。

HTTP/3は、HTTP/2をベースにTLS 1.3で秘匿性や完全性を確保し、トランスポート層をポート番号443のTCPからUDPへ変更したQUICを組み合わせて高速通信を目指す仕組みです。

TLSとQUICの両方を使うとそれぞれの暗号化機能が重複して無駄になります。そこでHTTP/3ではTLSが鍵を交換し認証するハンドシェイクに専念し、QUIC側でTLSの暗号化機能を使うように変更されました。

　HTTP/2で導入されたストリームの優先順位付け機能は複雑すぎるということで止めて単純な方式にしました。QUICを使うことでHOLブロッキング問題の解消や、コネクションマイグレーションの特長もHTTP/3に引き継がれます。ただし、今までUDPはDNS以外で使われることがほとんどなく、そのポート番号53以外がブロックされることがありました。Googleの独自規格から標準規格になったことで443番もブロックされにくくなり、大手のクラウドサービスやWebサーバなどで普及が進むでしょう[142]。

■ HTTP/3

HTTP/2	HTTP/3
HTTP/2	HTTP/3
TLS （暗号化＋ハンドシェイク）	QUIC（暗号化） TLS1.3（ハンドシェイク）
TCP	UDP
IP	IP

まとめ

▶ **HTTP/3はトランスポート層をTCPからQUIC/UDPに変更して接続までの時間を削減する。**

▶ **HTTP/3はHTTP/2のストリーム多重化やQUICのコネクションマイグレーションをサポートする。**

▶ **HTTP/3はTLS 1.3必須により安全な通信を達成する。**

44　無線 LAN

無線 LAN は家や会社・大規模商業施設など様々な場面で使われます。無線 LAN 特有のセキュリティについて紹介します。

● 無線LANの概要

　無線LANの規格は IEEE 802.11 で定められています。1997 年に策定され、その後速度向上や暗号方式の改善などの改定が行われて 2021 年現在、2019 年に策定された IEEE 802.11ax（Wi-Fi 6）が最新です [143]。なお、**Wi-Fi** は無線 LAN 機器間で相互接続の保証を示す Wi-Fi Alliance の登録商標です。

　ノートパソコンやスマートフォンなどの無線端末と他の有線ネットワークとを接続するための機器を無線 LAN のアクセスポイントといいます。アクセスポイントは無線 LAN の IEEE 802.11 フレームと有線 LAN のイーサネットフレームを相互変換します。

　インターネットサービスプロバイダとインターネットへの有線接続を契約した場合は、無線 LAN アクセスポイントを内蔵したルーター（いわゆる無線 LAN ルーターや Wi-Fi ルーター）がよく使われます。外出時に有線ネットワークの代わりに利用する、モバイルブロードバンド接続可能な持ち運びできるルーター（モバイル Wi-Fi ルーター）もあります。

■ 無線LANルーター

　自宅で無線 LAN を利用するときは他人が勝手にアクセスできないよう、無線端末とアクセスポイントの両方に SSID とパスワードを設定します。**SSID**

(Service Set IDentifier)、あるいは **ESSID**（Extended SSID）とは他のアクセスポイントと区別するための識別子です。設定した情報を元にアクセスポイントへ接続できたら、ここからは有線のLANと同じ仕組みです。

● スプーフィングと認証解除攻撃

スプーフィング（spoofing）とはなりすましという意味です。ARP（p.250）は暗号化されていないので不正なARPを送ることでMACアドレスを偽装し、ルーターになりすまして盗聴したり、中間者攻撃などの別の攻撃につなげたりできます。この攻撃をARPスプーフィングといいます。MACアドレスを直接偽装するMACスプーフィングもあります。

攻撃者が同じSSIDを設定したアクセスポイントを準備し、本物よりも強い電波を出すことでクライアントに間違えて接続させる **Evil Twin** や、妨害電波を出して偽のアクセスポイントに誘導する攻撃もあります。

無線LANは電波なので近くにいると機材があれば誰でも受信できます。また、有線のLANに物理的にケーブルを接続するのに比べて簡単です。そのためこのような攻撃がやりやすいのです。

IEEE 802.11には**認証解除フレーム**（deauthentication frame）という接続を切るための仕様があります。このフレームに必要な情報であるMACアドレスやSSIDは暗号化されていません。そのため攻撃者は簡単にフレームを偽造して接続を強制切断できます。これを**認証解除攻撃**とよび、特定のサーバに大量にパケットを送りつけることでサービスを妨害する **DoS**（Denial-of-Service）攻撃やなりすましなどの攻撃に利用されます。

■ 認証解除攻撃

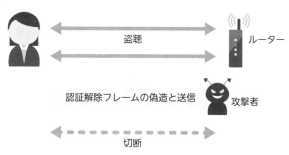

259

認証解除フレームは無線LANを管理するための管理（マネジメント）フレームの一種です。このような攻撃を防ぐために**802.11w**という管理フレームを保護する規格**PMF**（Protected Management Frames）があります。後述するWPA3ではPMFが求められています [144]。

◉ WEP

WEP（Wired Equivalent Privacy）は最初の暗号化方式です。40ビットの秘密鍵（のちに104ビットにも対応）と24ビットの初期化ベクトルIVを用いてストリーム暗号RC4を初期化し、データを暗号化します（sec.12）。

■ WEP

ストリーム暗号では同じIVを使ってはいけないのですが、ランダムにIVを選ぶ場合、24ビットの半分の12ビットの数（2^{12}=4096個）だけ集めると同じIVになる確率が40%ほどになります（p.144）。2001年頃からこの性質を利用したWEPの攻撃法が発表されます。

2006年に**クライン**（Klein）たちが多くのパケットからある確率で秘密鍵を復元する関連鍵攻撃を提案し、2007年には**テウス**（Tews）たちが8万5千個のARPパケットから95%の確率で104ビットの秘密鍵を復元できることを示します [145]。前項で述べたように通常利用ではそれほど多くのARPパケットを利用することはありません。そのためARPスプーフィングによって意図的に大量の攻撃用ARPパケットを流す必要がありました。

そこで2010年に寺村氏たちが、動画ダウンロードなどで発生する通常のパケット5万個から秘密鍵を復元する**TeAM-OK攻撃**を提案し、その後も改良が進んでいます [146]。

⦿ WPA2

WEPの脆弱性の問題は早くから知られていたため、WEPに代わる規格WPA (Wi-Fi Protected Access) が登場します。2003年、WPA-TKIP (Temporal Key Integrity Protocol) は初期化ベクトルIVを48ビットに拡張し、一定量の通信ごとに秘密鍵を更新するようにしました。2004年、**WPA2** (標準規格IEEE 802.11i) は共通鍵暗号をRC4からAESに変更し、最長256ビットの秘密鍵に対応しました[147]。WPA2はAESをCCMP (Counter mode with CBC-MAC Protocol) というブロック暗号のCTRモード (p.093) とCBC-MAC (p.227) を組み合わせた認証付き暗号を利用します。現在WPA2が広く使われています。

WPA2は**4-wayハンドシェイク**と呼ばれる方法でユニキャストで使う鍵PTK (Pairwise Transient Key) とブロードキャストで使う鍵GTK (Group Temporal Key) を共有します。概略は次の通りです (WPA2-PSK (Pre-Shared Key) の場合)。

両者はSSIDとパスワードPSKからPMK (Pairwise Master Key) を生成する。

1. アクセスポイントはANonceと呼ばれる乱数を生成しクライアントに送信する。カウンタをrとする。
2. クライアントはSNonceと呼ばれる乱数を生成する。
   1. PMK、ANonce、SNonceと互いのMACアドレスからHMAC-SHA-1による擬似ランダム関数PRFを使ってPTKを生成する。
   2. PTKをMACの秘密鍵KCK (Key Confirmation Key)、共通鍵暗号の秘密鍵KEK (Key Encryption Key)、TK (Temporal Key) に分割する。
   3. クライアントはSNonceをMAC付きで送信する。
3. アクセスポイントはSNonceを入手したので同様にPTK (=KCK+KEK+TK) を生成する。アクセスポイントが持つGTKをKEKで暗号化して暗号文cをMAC付きで送信する。カウンタをr+1にする。
4. クライアントは暗号文cを復号してGTKを得てカウンタrを増やしてackを返す。

これにより両者でPTKとGTKが共有されました。ユニキャスト通信をする場合、秘密鍵TKと別のナンスnを用いてデータdを暗号化して暗号文Enc(n, TK, d)を送ります。

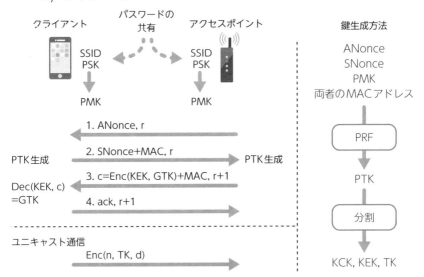

■ 4-way ハンドシェイク

○ **KRACK**

2017年、ヴァンホーフ（Vanhoef）たちが**KRACK**（Key Reinstallation AttaCKs）と呼ばれるハンドシェイクの脆弱性を公開します [148]。これは中間者攻撃によりナンスの再利用を誘発する攻撃でした。全てHTTPSで通信していれば安全ですが、そうでない場合、通信内容が盗聴、改竄される可能性がありました。同時に当時のAndroidなどの一部の実装がTKを全て0にしてしまうバグも報告されています。

これは攻撃者がまず攻撃用アクセスポイントを用意して中間者攻撃をします。最初は4-wayハンドシェイクのやりとりをスルーしているのですが、4番目のackを返すところをブロックします。すると、アクセスポイントは3番目のメッセージがクライアントに届かなかったと判断して再送します。このとき、既に送っていた暗号文Enc(n, TK, data)を送り直すときに同じナンスnを使ってしまうのです。

ハンドシェイクの途中でやり直したときの鍵やナンスの扱いの仕様に曖昧性があるのが問題でした。

■ KRACK

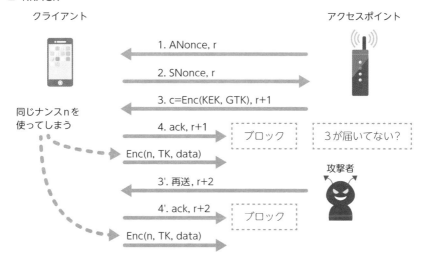

クライアント　　　　　　　　　　　　　　　　　　　　アクセスポイント

1. ANonce, r

2. SNonce, r

3. c=Enc(KEK, GTK), r+1

4. ack, r+1　　　ブロック　　　3が届いてない？

同じナンスnを
使ってしまう

Enc(n, TK, data)

攻撃者

3'. 再送, r+2

4'. ack, r+2　　　ブロック

Enc(n, TK, data)

○ WPA3

2018年、**WPA3**が登場します[149]。WPA3はパスワードの最大がWPA2-PSKの63文字から128文字まで引き上げられました。またWPA2への攻撃KRACKを受けてWPA3-personalで**SAE**(Simultaneous Authentication of Equals)という楕円曲線を用いた鍵共有プロトコルが導入されます。SAEはDragonfly鍵共有という方法を元にしていて、4-wayハンドシェイクの前に行います。

SAEのアルゴリズム:

1. クライアントとアクセスポイントはそれぞれPSKと両者のMACアドレスから楕円曲線の点Pを作る。
2. クライアントは乱数(r_1, m_1)を、アクセスポイントは乱数(r_2, m_2)を選ぶ。
3. それぞれ$s_1 = r_1 + m_1$, $E_1 = -m_1 P$, $s_2 = r_2 + m_2$, $E_2 = -m_2 P$を求め、相手に送る。
4. それぞれ$K_1 = r_1(s_2 P + E_2)$, $K_2 = r_2(s_1 P + E_1)$を求める。

各変数の定義から$K_1 = r_1((r_2 + m_2)P - m_2 P) = r_1 r_2 P$, $K_2 = r_2((r_1 + m_1)P - m_1 P) = r_1 r_2 P$。つまり$K_1 = K_2$となり秘密鍵の元を共有できます。そのあとハッシュ計算をして認証も行いますが詳細は省きます。SAEは仮にPSKが漏洩しても、そのときの鍵共有の結果は分からないという前方秘匿性があります。

8

ネットワークセキュリティ

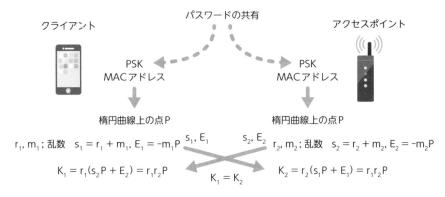

- SAE

クライアント　　　　　　　パスワードの共有　　　　　アクセスポイント

PSK
MACアドレス　　　　　　　　PSK
　　　　　　　　　　　　　　MACアドレス

楕円曲線上の点P　　　　　　楕円曲線上の点P

r_1, m_1 ; 乱数　$s_1 = r_1 + m_1, E_1 = -m_1 P$　s_1, E_1　　s_2, E_2　r_2, m_2 ; 乱数　$s_2 = r_2 + m_2, E_2 = -m_2 P$

$K_1 = r_1(s_2 P + E_2) = r_1 r_2 P$　　　　　　$K_1 = K_2$　　　$K_2 = r_2(s_1 P + E_1) = r_1 r_2 P$

　2019年、KRACK発表者のヴァンホーフと**ロネン**（Ronen）はSAEの実装の脆弱性**Dragonblood**を発表します[150]。それは楕円曲線の点の計算時に秘密鍵の値によって実行速度が変わる実装があり、通信が可能な状態で応答時間の差を測定するとサイドチャネル攻撃が可能というものでした。そのため鍵の値によって時間が変わらない定数時間処理する実装が求められます。他に、ダウングレード攻撃やいくつかの実装不備も発見しています。

　2020年、これらの攻撃は対策されました[151]。しかし2021年5月にヴァンホーフは無線LAN全般に存在する脆弱性FragAttacksを発表します[152]。無線LANには複数のフレームを一つに集約する機能フレームアグリゲーションがあります。しかし、集約されているかどうかを確認するフラグは暗号化保護の対象にありません。そのため、そのフラグを改竄して攻撃パケットを挿入したり、改竄したりできる可能性があります。この欠陥は悪用するのが困難ですが、同時に多くのデバイスにおける実装不備を指摘しています。

まとめ

- ▶ **WPA2は広く使われている無線LANである。**
- ▶ **WPA2への攻撃KRACKを受けてWPA3が策定された。**
- ▶ **新たな攻撃が報告され、仕様がまた変更される可能性がある。**

9章

▼

高機能な暗号技術

クラウドやブロックチェーン上で秘匿性の高い
データを扱うための技術や、量子コンピュータ
にまつわるトピックを紹介します。

45 準同型暗号

準同型暗号は暗号文を復号せずに、暗号文のまま様々な処理が可能な暗号方式です。秘密鍵を持たない第三者がデータ処理できるため、プライバシーが重視される分野での応用が期待されています。

● 準同型

　準同型とは数学の用語です。ある構造を持った二つの世界があり、それらの間の対応がその構造を保つとき準同型と呼びます。「構造を持った二つの世界の対応」とは小難しく聞こえますが、たとえばゲームやUFOキャッチャーなどの操作パネルと、ゲームの中のキャラクターや、ケースの中のクレーンの動きが対応しています。操作パネルを右に2回動かせばゲームの中のキャラクターも右に2回動き、左に3回動かせばキャラクターも左に3回動くといった対応です。

　準同型暗号では整数からなる平文の世界と暗号文の世界が対応します。そして整数の世界では足し算や引き算などの計算ができます。通常の暗号文は暗号文同士の足し算や引き算はできませんが、それができる暗号が準同型暗号です。

普通の暗号

　暗号文同士の演算が存在しない。

準同型暗号

　Enc(5) + Enc(10) = Enc(15), Enc(5)×2 = Enc(10)

　準同型暗号も普通の暗号と同じく、平文mを暗号化して復号すると元に戻ります。数学に詳しい方は、こういう場合「準同型」ではなく「同型」ではないかと疑問に思われるかもしれません。暗号化アルゴリズムEncは正確には平文mの他に乱数rも引数に取ります（もちろん公開鍵も引数に入っています）。平文と暗号文が1対1の対応ではないため「準同型」といいます。

■ 整数の平文と暗号文の対応

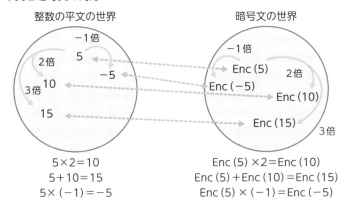

加法準同型暗号

準同型暗号のうち、暗号文同士の足し算・引き算だけができるものを**加法準同型暗号**といいます。引き算もできるのですが慣習的に加法準同型暗号といいます。ペイエ（Paillier）暗号や**リフテッド・エルガマル（lifted ElGamal）暗号**が有名です [65]。

暗号文同士の足し算ができると暗号文の整数倍もできます。なぜなら

Enc(10) + Enc(10) = Enc(20) は Enc(10)×2 = Enc(10×2) を意味し、

Enc(10) + Enc(10) + Enc(10) = Enc(30) は Enc(10)×3 = Enc(10×3) を意味するからです。

一般に暗号文 Enc(m) があったとき、その整数n倍 Enc(m)×n = Enc(m×n) が成り立ちます。

完全準同型暗号

加法準同型暗号であって、更に暗号文同士の掛け算もできる暗号を**完全準同型暗号**といいます。たとえば Enc(10)×Enc(3) = Enc(30) という計算ができます。

ここで加法準同型暗号でできた Enc(10)×3 = Enc(30) とは大きく意味が異なることに注意してください。加法準同型暗号はあくまで同じ暗号文を足すことによる2倍、3倍の処理しかできません。「×3」の「3」は平文です。完全準同型

暗号は暗号文を掛ける操作「×Enc(3)」ができるのです。

　加減算に加えて乗法ができるだけでなぜ「完全」と呼ばれるのか、その理由を説明するためにビットの話を復習しましょう（sec.09）。

　0と1のみからなる1ビットの世界は2で割った余りの世界と同じです。

　　・0 + 0 = 0
　　・0 + 1 = 1
　　・1 + 0 = 1
　　・1 + 1 = 2 = 0（2で割った余り）

　これはすなわち1ビット同士の排他的論理和（⊕）と同じ操作です。

■ 1ビット同士の加算

入力a ＼ 入力b	0	1
0	0	1
1	1	0

　乗算は普通の0と1の乗算です。aとbの両方が1のときのみ出力が1となるのでこの演算を論理積（&）と呼ぶのでした。真理値表は次の通りです。

■ 1ビット同士の乗算

入力a ＼ 入力b	0	1
0	0	0
1	0	1

　1ビットの世界で完全準同型暗号は、aとbをそれぞれ0か1のどちらかとして

　　・Enc(a) ⊕ Enc(b) = Enc(a ⊕ b)
　　・Enc(a) & Enc(b) = Enc(a & b)

ができることを意味します。さて、コンピュータで処理する任意の計算は排他的論理和と論理積の組み合わせで実現できることが知られています。

ここである計算をする関数 f(x) があったとします。$f(x) = x^2+x+1$ でも $f(x) = 1/x$ でも $f(x)=$「x が負なら0を返し、それ以外は $\sqrt{x}$ を返す」といったものでも構いません。この f(x) を排他的論理和と論理積の組み合わせで表現します。その表現を回路といいます。f(x) の形によってはとても複雑な回路になるかもしれませんが、作ることはできます。

そうして作った排他的論理和と論理積からなる回路を暗号文の操作に置き換えて回路 $\tilde{f}$ を作ります。回路 $\tilde{f}$ は暗号文 Enc(m) を入力すると $\tilde{f}($Enc(m)$)$ を出力し、これは f(m) の暗号文 Enc(f(m)) に一致します。

■ 完全準同型暗号

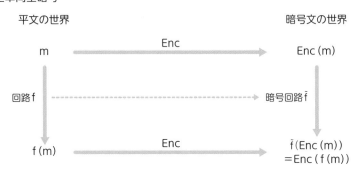

入力を増やしたどんな回路 $f(x_1, x_2, ...)$ でもこの操作ができる（除算もできる）ので、暗号文同士の加算と乗算ができる準同型暗号を完全準同型暗号というのです。どうやって完全準同型暗号を実現するのか、長らくの未解決問題でしたが、2009年に**ジェントリー**（Gentry）が初めてその実現方法を提案します。当初は計算が非常に重いものでしたが、様々な改良をする研究が続けられ、Homomorphic Encryption Standardization で標準化に向けた作業も行われています [153]。

現在高速に動作する完全準同型暗号は格子を利用した暗号（**格子暗号**）です [154]。格子とは2次元なら同じ形の平行四辺形、3次元なら平行六面体を隙間なく並べたもの（たとえばジャングルジム）です。格子暗号は高次元における格子の性質を利用した暗号で、有限体や楕円曲線とは異なるジャンルの暗号

です。耐量子計算機暗号 (p.295) としても注目されています。

準同型暗号の種類と用途

完全準同型暗号はどんな計算もできますが、演算処理が重たく、公開鍵や暗号文が大きくなる傾向があります。実用的に使うために暗号文同士の乗算回数に制約を入れたレベル準同型暗号というものも提案されています。サポートする乗算回数の上限Nが大きくなるほど準同型暗号のコストが増えます。

■ 準同型暗号の種類

準同型暗号の種類	加算	乗算	演算コスト
加法準同型暗号	任意回	できない	軽い
2レベル準同型暗号	任意回	1回	やや軽い
Nレベル準同型暗号 (Nはある固定の値)	任意回	N-1回	Nが大きいほど重たい
完全準同型暗号	任意回	任意回	重たい

準同型暗号の具体的な用途の一つを紹介します。コンビニなどで買い物をするとそれらの情報がシステムに集約されます。そのデータを解析して商品の販売方法を改善します。たとえば購買履歴のクロス集計をとって、パンを買う人はジュースも一緒に買う傾向があるといった情報を得ます。

データ解析者にとっては集計結果が重要で、個別の購買情報は必要ありません。準同型暗号を使うと、データを暗号化したままクロス集計ができます。購買者やデータを保持するサーバはデータが暗号化されているので安心です。データ解析者は集計結果のみを得られるので余計なデータ漏洩を気にする必要がなくなります。

統計で扱うデータの平均や分散、クロス集計などの計算はデータ同士の乗算は高々1回しかしません（加算は何度も行います）。そのため乗算が1回しかできない2レベル準同型暗号でも暗号化したまま処理できます。用途を限定し、動作の軽い準同型暗号を利用することで処理の高速化が可能になります。

準同型暗号には一つ注意点があります。暗号文の改竄や認証付き暗号で、暗号文を改竄できると問題になる場合を紹介しました。準同型暗号は、秘匿性を

持っているので、たとえば平文10の暗号文Enc(10)があったときに、秘密鍵を知らないと平文が10であることは分かりません。しかし、公開鍵を知っている人は誰でも（知らなくてもよい場合もあります）、Enc(10)×10=Enc(100)を計算できます。つまり準同型暗号は頑強性を持っていません。したがって、準同型暗号文の送信時に完全性を達成したい場合は別途MACや署名で保護しなければなりません。

■ 準同型暗号を用いたクロス集計

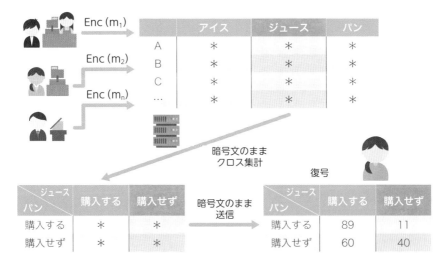

✏️ **まとめ**

▷ 準同型暗号を使うとデータを暗号化したまま処理できる。

▷ 完全準同型暗号を使うと任意の処理を暗号化したまま行えるがコストが大きい。

▷ 用途を限定することで軽い準同型暗号を利用する方法が提案されている。

46 秘密計算

秘密計算とはデータを秘匿したまま計算する技術の総称です。近年、複数人で各自の秘密情報を秘匿したまま皆で計算するマルチパーティ計算が注目されています。

◯ MPC

　複数人で協調して計算することをマルチパーティ計算 **MPC**（Multi-Party Computation）といいます。MPCはn人の参加者が、それぞれ秘密の値s_1, s_2, ..., s_nを持ち寄り、互いに自分の秘密の値を見せることなく、ある関数$f(x_1, ..., x_n)$の値$s=f(s_1, ..., s_n)$を計算するプロトコルです。

■ MPC

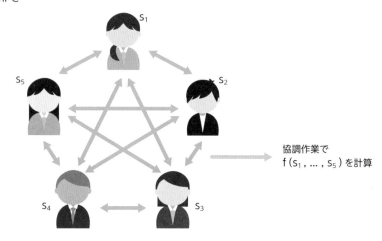

協調作業で
$f(s_1, ..., s_5)$ を計算

　たとえば秘密の値が各自の資産で関数fが最大値を求める関数だと、MPCを使って一番お金持ちの資産が分かります。誰が一番お金持ちなのか、2番目以降の人の資産はいくらか、といった情報は誰も得られません。同様に、互いに秘密の値を教えることなく全員の資産の平均値や分散などの計算もできます。

また電子入札・電子投票などにも応用可能です。

　ところで「情報は誰も得られません」と書きましたが、二人で一番お金持ちの人の資産を得るMPCを実行すると、資産が少なかった人は相手（一番多い人）の資産が分かります。これはMPCの不備ではありません。MPCで得られる最終結果以外の情報は得られない、という考え方をします。この場合、資産が多かった人は相手の資産の情報を得られません。

　秘密計算の構成法はいくつかあります。前節で紹介した準同型暗号や後述する**秘密分散**、それからヤオ（Yao）が提案した**Garbled Circuit**を使う方法が一般的です。「Garbled Circuit」とは「ごちゃごちゃにした回路」という意味で一般的な関数に対して構成できます。ただしそれほど効率がよいわけではありません。

　MPCを考えるときには参加者に対して大きく二つの仮定があります。

　一つは**semi-honestモデル**、もう一つは**maliciousモデル**です。semi-honestモデルは、MPCの参加者全員が指定されたプロトコルに従って正しく正直に（honest）振る舞うモデルです。ただし、プロトコルの途中で相手からもらう情報から最大限他人の秘密の値を推測しようとします。

　semi-honestモデルのMPCを実行したときに、途中に得られた値を全部利用しても、最後に得られる関数の値sから分かる情報以外は得られないというのがMPCに求められる要件です。

　maliciousモデルはMPCの参加者の中にプロトコルに従わずに途中の計算で嘘の値を与える悪意ある人（malicious）がいるモデルです。maliciousモデルで安全なMPCとは、そういうプロトコルに従っていない人を検知したり、悪意ある人が存在しても計算を継続できたりするという意味です。自分の秘密の値を正しく教えないという意味ではないので注意してください。

　一般的にsemi-honestモデルがmaliciousモデルよりも効率のよいプロトコルになります。maliciousモデルの場合は、参加者のうちどれぐらい悪意ある人がいても検知できるかによって効率が変わります。ブロックチェーンなどの非中央集権的管理システムで、参加者の中に攻撃者を常に考慮しなければならないケースでの利用が研究されています。

● 秘密分散

秘密分散とは秘密鍵などの重要な情報を複数のデータに分散させて、それら単独では元の情報を得られない形にすることです [155]。秘密分散単独でも利用されますが、MPCのプロトコルの一部として利用されることもあります。

まず一番簡単な2-of-2秘密分散を紹介しましょう。これは秘密鍵sを2個のデータs_1とs_2に分散し、その2個を集めれば元のsに戻る方式です。ここで単にsの前半と後半に分割するのではないことに注意してください。その方法では片方だけでもsの半分の情報が見えています。たとえばsが128ビットの秘密鍵なら半分が分かると解読されてしまう可能性があります。

秘密分散は秘密鍵sと同じサイズの乱数rを用意して$s_1 = r$, $s_2 = s \oplus r$とするのです。そうするとs_1は単なる乱数なのでsの情報は得られません。そしてs_2は「sのrによるワンタイムパッド暗号文」とみなせ、情報理論的安全性を持つのでsの情報は得られません。そしてs_1とs_2を集めると$s_1 \oplus s_2 = s$により復元できます。

■ 2-of-2秘密分散

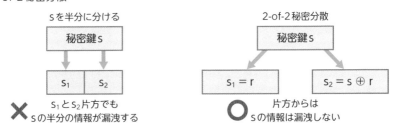

次に、より一般のk-of-n秘密分散法を紹介しましょう。これはデータをn人に分散させ、そのうちのk個を集めれば元のデータを復元できる方式です。たとえばある会社に社長と取締役が5人いて、社長だけが機密情報にアクセスするための秘密鍵sを持っているとします。社長に何かトラブルが発生したとき取締役が情報にアクセスできないと困ります。かといって全員が同じ秘密鍵sを持つと情報漏洩のリスクが高まります。

そこで3-of-5秘密分散を使って社長の秘密鍵sを取締役5人に分散させます。秘密分散された5人のデータs_iは全て異なり、単独では元の情報は得られませ

ん。しかし5人のうち過半数の3人が集まって分散された情報s_iを集めると元の秘密鍵sを復元できます。5人のどの3人の組み合わせでも復元できるのですが、半数に満たない2人だけだと少しも復元できない情報理論的安全性を備えているのがポイントです。2017年にISO/IEC 19592-2:2017として標準化されました。**シャミア**（Shamir）による秘密分散が有名で、「k+1個の異なる点を通るk次多項式は1個しか存在しない」という性質を利用して構成します。

■ 3-of-5 秘密分散

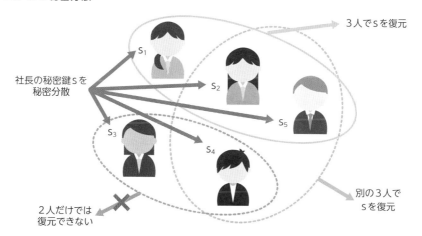

社長の秘密鍵sを
秘密分散

s_1

s_2

s_5

s_3

s_4

3人でsを復元

別の3人で
sを復元

2人だけでは
復元できない

● VSSとDKGとBLS署名

秘密分散はとてもよい技術ですが、もし正しく秘密分散されていないとどうでしょう。いざ復元しようとしたときにうまくいかないと困ります。かと言って確認のために復元したら秘密分散の意味がありません。そこで**検証可能な秘密分散 VSS**（Verifiable Secret Sharing）という手法があります。フェルドマン（Feldman）は、秘密鍵sを$s_1, ..., s_n$に秘密分散する際に、楕円曲線の点Pの定数倍sPやs_iPを公開し、それらの公開情報と各自に配付したs_iから値の正しさを検証する方法を提案しました。楕円離散対数問題の計算量的安全性仮定によりsやs_iの情報は漏洩しません[156]。

VSSを使うと、社長が嘘をついて一部の取締役に正しい秘密分散情報を与えない、ということを防げます。

また特定の人が持つ秘密鍵sを秘密分散するのではなく、n人が集まって協調して互いにVSS相当の作業を行い、誰も元の秘密鍵sを知ることなくk-of-n秘密分散する方法もあります。プロトコル完了後は各自が秘密鍵s_iを持ち、皆がs P, s_1 P, ..., s_n Pを共有します。これは**DKG**（Distributed Key Generation）と呼ばれるMPCの一種で、ブロックチェーンのような非中央集権的なネットワークで利用されます。

　秘密計算とは少し話題がそれますが、**BLS署名**という技術を紹介しましょう。BLS署名は楕円曲線へのハッシュ関数Hを利用して、メッセージmに対して署名鍵s, 検証鍵s P, 署名s H(m)を使う方式です。BLS署名はVSSやDKGと相性がよく、DKGによるk-of-n秘密分散をすると元の署名鍵sを誰も知らない状態で各自に署名鍵s_iが配付されます。検証鍵s Pやs_i Pは皆に公開されています。このセットアップが終わったら、各自が自身の署名鍵s_iで署名し、誰もが検証鍵s_i Pで署名を検証できます。

　加えてk-of-n秘密分散の性質を利用して複数の署名s_i H(m)から元の署名s H(m)を復元できます。この署名は検証鍵sPで検証できます。単なる秘密分散の場合は元の署名鍵sを一度復元すると秘密の制限は終わりでしたが、BLS署名の場合はs H(m)が復元されても元の署名鍵sは依然として分からないので繰り返し署名できるのが特長です。更に、各自のs_1 H(m), ..., s_n H(m)を足して一つの署名にして署名の検証時間を減らす署名の集約という操作もできます。2016年、DFINITYが初めてBLS署名をブロックチェーンに利用し、その後イーサリアム（Ethereum）などの多数のプロジェクトが多数決やシャーディング（p.185）などに利用しています[157]。

■ DKGとBLS署名

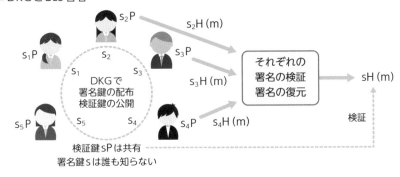

◯ 3PC

近年、MPCの中でも特に3人で計算する**3PC**（Three-Party Computation）で高速に計算する方式がNECやNTTを発端として活発に研究されています[158][159]。秘匿したいデータを3台のサーバに送り、そのサーバ間で計算させて結果を得ます。

■ 3台のマシンによる秘密計算

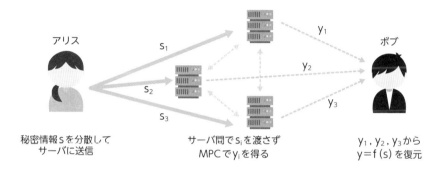

1. 秘密計算したい関数f(x)を決める。
2. アリスが秘密情報sをs_1, s_2, s_3に2-of-3秘密分散して3台のサーバに送る。
3. それぞれのサーバは受け取ったs_iを互いに渡すことなく通信しながらf(x)に対応するデータ処理を行う。
4. それぞれのサーバが最終的に得た結果y_iをユーザに返す。
5. ボブ（アリス＝ボブのときもある）はそれぞれのサーバからy_1, y_2, y_3を受け取りyを復元する。y = f(s)となっている。

それぞれのサーバは秘密分散された値しか持たないため、そのサーバのみが攻撃されても情報が漏洩しません。ただし、2台のサーバが同時に攻撃される、あるいは2台のサーバが結託すると秘密情報sを復元できます。

したがって、3台のサーバを異なる場所に配置すると安全性が高まります。その代わり、サーバ同士で通信し合うときのデータ転送にかかる時間がネックになる可能性があります。

● 3PCの詳細

　3PCのやり方はいくつかありますが、そのうちの一つのアイデアを紹介します。秘密情報sとtがあるとします。ここでは素数pで割った余りの有限体(p.110)を考えます。sをシャミアとは異なる2-of-3秘密分散をします。そのために適当に乱数s_1とs_2を選んで$s_3=s-s_1-s_2$とします。つまり$s_1+s_2+s_3=s$です（pで割った余りを考えています）。そして3台のサーバに(s_1, s_2), (s_2, s_3), (s_3, s_1)を渡します。それぞれのサーバ単独では元のsの値を復元できませんが、2台が集まるとs_1, s_2, s_3と3個の値を得られるので$s_1+s_2+s_3=s$を復元できます。

　秘密情報tについても同様に$t_1+t_2+t_3=t$となる乱数を選んで3台のサーバに(t_1, t_2), (t_2, t_3), (t_3, t_1)を渡します。2個ずつ情報を配るのがミソです。ここでそれぞれのサーバは分散された値同士を足します。

$$(s_1+t_1, s_2+t_2), (s_2+t_2, s_3+t_3), (s_3+t_3, s_1+t_1)$$

　このうち2個のデータが集まると$(s_1+t_1)+(s_2+t_2)+(s_3+t_3)=(s_1+s_2+s_3)+(t_1+t_2+t_3)=s+t$が得られます。つまり、秘密分散したまま足し算ができました。シャミアの秘密分散でも秘密分散したまま足し算はできるのですが、この秘密分散は掛け算もできるのが特徴です。次のようにします。

　・サーバ1；(s_1, s_2), (t_1, t_2) → $X_1 = s_1(t_1+t_2)+s_2 t_1$
　・サーバ2；(s_2, s_3), (t_2, t_3) → $X_2 = s_2(t_2+t_3)+s_3 t_2$
　・サーバ3；(s_3, s_1), (t_3, t_1) → $X_3 = s_3(t_3+t_1)+s_1 t_3$

　それぞれのサーバで秘密分散された値からX_1, X_2, X_3を計算します。これら3個の値を全て足すと

$$X_1 + X_2 + X_3 = s_1(t_1+t_2+t_3)+s_2(t_1+t_2+t_3)+s_3(t_3+t_1+t_2)=(s_1+s_2+s_3)(t_1+t_2+t_3)=st$$

が得られ、秘密分散したまま掛け算ができました。

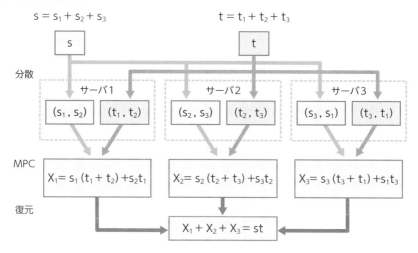

実際には引き続き秘密分散したまま計算を継続できる形に揃えるため通信が必要です。しかし準同型暗号（sec.45）で説明したように足し算と掛け算ができるなら、原理的には任意の計算が可能です。通信回数や通信量を減らし、効率よく計算する方法やmaliciousモデルに対しても安全な方法が日々研究されています。秘密計算は有望な技術ではありますが、どのように使うか難しいところがあります。安全評価の基準作りや技術促進のために2021年2月に秘密計算研究会が発足しました[160]。

9
高機能な暗号技術

✏️ **まとめ**

▶ **MPCは複数人が互いに秘密の情報を相手に教えることなく、それらの値を入力とするある関数の値を協調して計算する仕組みである。**

▶ **秘密分散は情報の紛失リスクを減らしつつ安全に情報を管理する仕組みである。**

47 ゼロ知識証明

秘密計算では秘匿化されたデータの処理をします。データ処理をする側にとって、入力されたデータが望ましいものか、どうやって確認すればよいでしょうか。そのための仕組みがゼロ知識証明です。

● 動機

　準同型暗号を使うと暗号化したままデータ処理が可能です。たとえば、ある案に対する賛成・反対を表明する秘密投票を考えます。登場人物は、投票する人たち$A_1, A_2, ...$と集計サーバBと結果を確認する人Cです。

1. Cは準同型暗号の公開鍵を公開します。
2. 投票者がそれぞれ1（賛成）か0（反対）かを暗号化して集計サーバに送ります。
3. 集計サーバは暗号文を全て足してCに送ります。
4. Cは復号して結果を得ます。誰が賛成したかは分かりません。

　暗号化は確率的アルゴリズムなので、投票者A_1とA_2が同じ平文1の暗号文Enc(1)を作っても異なる暗号文です。秘密鍵を知らない集計サーバBにとっては集計された暗号文を見ても、同じ平文かそうでないのか全く分からないことに注意してください（p.089）。

　したがって、悪意ある投票者がEnc(10)を送ると、集計サーバBはその不正が分からず10人分の賛成を集計してしまうことになります。

　これを防ぐには、送られてきた暗号文Enc(m)について、秘密鍵を知らなくても、「平文mが0か1のどちらであるかは分からないが、それ以外の値でないことは分かる」必要があります。

■ ゼロ知識証明の利用例

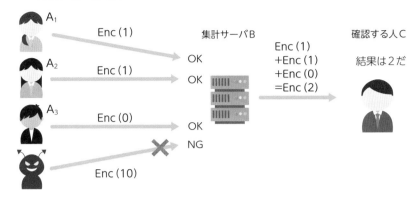

このような一見、不可能に見える要件を実現する手法が**ゼロ知識証明**です。

● ゼロ知識証明

　証明とは、ある命題が成り立つことを相手に納得してもらう手続きです。ゼロ知識証明ZKP（Zero Knowledge Proof）とは証明する手続きの中で、相手に納得してもらう以外の情報を与えない手法のことです。1985年、**ゴールドワッサー**（Goldwasser）、**ミカリ**（Micali）、**レイコフ**（Rackoff）が定式化しました。

　冒頭の投票で自分の暗号文Enc(m)がm=0かm=1であることを納得してもらうには秘密鍵を渡して復号してもらえばよいです。しかし、それでは秘密投票になりません。他にはたとえば「RSA暗号における合成数n = pqの素因数pやqを知っている」という命題を納得してもらうだけなら、相手にpとqを教えて、pとqとの掛け算をして結果がnになることを確認してもらえばOKです。しかし、これもRSA暗号の秘密鍵を教えていることに相当します。

　ゼロ知識証明を使うと、秘密鍵を教えずに、暗号文に対応する平文がある限定された範囲にあること、自分がnの素因数分解ができることなどを相手に納得してもらえます。他には楕円離散対数問題の答えを知っていることを、その答えを教えずに納得してもらうこともできます。

　自分が知っている知識を教えずに証明するというのは、何やら荒唐無稽な印象を受けます。しかし、実は署名が似たようなことをしています。ある署名が

受理されるというのは確かにその人が署名したという事実を表していました。これはその人が署名鍵（秘密鍵）を持っているという事実に相手が納得したということです。そしてその手続きの中で秘密鍵の情報は漏れていません。実際、離散対数問題に対するゼロ知識証明とハッシュ関数を組み合わせて**シュノア（Schnorr）署名**と呼ばれる署名を構成できます。このようにゼロ知識証明はとても重要な暗号技術なのです。

● ゼロ知識証明の性質

ゼロ知識証明は三つの性質を満たします。命題が成り立つことを示したい人を証明者、証明を確認して納得する側を検証者といいます。命題には「離散対数問題の答えを知っている」といったものも含みます。このような、ある命題が正しい証拠（知識）wを知っていることを示すときは、特に知識の証明といいます。

完全性

命題が正しい（または証明者が証拠wを知っている）なら検証者は必ず納得する。

健全性

検証者が納得したなら、ほぼ100％の確率でその命題は正しい（または証明者が証拠wを知っている）。つまり証明者が嘘つきなら検証者は納得しない。

ゼロ知識性

検証者は命題が正しい（または証拠wを知っている）こと以外の情報を得られない。

■ ゼロ知識証明

証拠wを知っている	完全性 →	証明は本当だね
証拠wを知っている（嘘）	健全性 →	その証明は嘘だね
証拠wを知っている	ゼロ知識性 →	証明してもらったけどwの情報は何も得られなかった

証明者が証拠wを知っているのに、検証者に納得してもらえないことがあると困るので完全性は必要です。**健全性**は数学における普通の証明とは少し性質が異なります。数学における証明は、正しく証明されれば未来永劫100%正しいのですが、ゼロ知識証明における証明は間違っていても正しいと判断してしまう確率が若干あります。もちろん、実際の応用ではその確率は無視できるぐらい十分小さいように運用します。

ゼロ知識性がゼロ知識証明特有の性質です。たとえば離散対数問題の答え(証拠w)を知っているゼロ知識証明の過程で検証者が得られる情報を集めても、それは離散対数問題を解くためには全然役に立たない(ゼロ知識証明が問題を解くためのヒントを与えない)という意味です。

● ゼロ知識証明とブロックチェーン

ビットコインで利用されているブロックチェーンは、署名のついた取引履歴の連鎖(チェーン)を皆で検証しながら管理する仕組みでした。チェーンに載る情報は全て公開されています(sec.32)。ブロックチェーンはビットコイン以外の様々な応用が考えられていますが、ブロックチェーンに載せる情報は全て公開しなければなりません。たとえばアリスが10万円(=A)持っていてボブへ3万円(=B)送金すると7万円(=C)残った、という情報です。

■ ゼロ知識証明のブロックチェーンへの応用

A, B, Cは秘匿された

アリス　　　　　　　　　　ボブ

B円送った →

A円持ってる

↓

C円残った

本当かな?
A, B, Cが不明なので
確認できない

→

ゼロ知識証明を使うと

A, B, Cは不明だけど
取引は正しいと分かる

応用先によってはこれらの値を秘匿したい場合があります。しかしそうすると、不正が行われていないか、つまりA = B + Cが成り立つかを確認できません。そこで、ゼロ知識証明を用いてA, B, Cの値を知ることなく「A = B + C」かつ「A, B, Cのどれも0以上」であることを検証するのです。ここで「0以上」という条件は「100 = 110 + (−10)」のように所持金以上の不正な送金を禁止するためにあります。同様に「誰が誰に送金したか」を秘匿することもあります。2012年**ジェナロ**（Gennaro）、ジェントリー（Gentry）たちは**zk-SNARK**と呼ばれる効率的なゼロ知識証明（アーギュメント）を提案しました[161]。

　zk-SNARK は zero-knowledge Succinct Non-interactive ARgument of Knowledge の略です。zero-knowledge はゼロ知識、Succinct は証明が簡潔である（小さい）こと、Non-interactive は証明が非対話であることを示します。

　証明には**対話証明**と**非対話証明**があります。対話証明は、証明の間に証明者と検証者の間でデータのやりとりが何度も発生します。それに対して非対話証明は証明者が検証者に一度データを送るだけで済みます。そのデータのことを証明といいます。非対話証明の方がプロトコルが簡単になります。

■ 対話証明と非対話証明

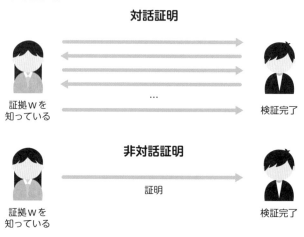

　argument は議論という意味ですが今のところ確固とした訳が定まってはいないので、ここではアーギュメントと表記します。

　証明（proof）とアーギュメントは、専門的になりますが次の点が異なります。

証明

証明者が無限の計算能力を持っていても、検証者をだませない健全性を持つ。

アーギュメント

証明者の計算能力を限定（多項式時間）する限り、検証者をだませない健全性を持つ。

アーギュメントの方が、証明者の能力を低く見積もる（もちろん実用上問題無いレベルですが）ことで効率のよいプロトコルとなっています。

zk-SNARKは証明を始める準備に信頼のおける第三者機関が必要です。それが不要な**Bulletproof**や**zk-STARK**（Scalable Transparent ARgument of Knowledge）といったプロトコルも提案され、一長一短があります（比較表のサイズや時間の評価は証明すべき命題に応じて変動します）[162][163][164]。

これらのゼロ知識証明はブロックチェーンとプライバシーを組み合わせるシーンで様々な応用が考えられています。

■ 証明の比較

性質	zk-SNARK	Bulletproof	zk-STARK
証明のサイズ	定数	やや小さい	大きい
検証時間	定数	大きい	やや小さい
第三者機関	必要	不要	不要
量子コンピュータに対する耐性	無い	無い	ある

まとめ

- ゼロ知識証明を使うと、ある命題に関する知識があることをその知識を教えずに相手に納得してもらえる。
- ゼロ知識証明は秘匿されたデータが不正でないことを検証するのに利用される。
- zk-SNARK は簡潔で検証が高速なプロトコルである。

48 量子コンピュータ

現在使われているコンピュータは電流のオン・オフによる2進数の演算を基本としています。それに対して量子コンピュータは量子力学で記述される現象を利用した全く新しいコンピュータで、その発展は暗号技術に対して重大な影響を与えます。

● 量子ビットと観測

　量子とは量子力学で扱われる概念で、粒子と波の両方の性質を持つ物質や状態を指します。量子は粒子のように1個、2個と数えられます。通常の粒子は同じ場所に複数存在することはできませんが、量子は波のように複数の状態が重なり合って存在できます。**量子コンピュータ**は量子の重ね合わせを利用して計算するコンピュータです。

　従来の情報の最小単位は、ある状態が0か1のどちらかを示す1ビットでした。それに対して、量子の状態を表す最小単位を量子ビットといいます。量子ビットは0の状態「$|0\rangle$」と1の状態「$|1\rangle$」が重なっていて、式としては$|\psi\rangle = a|0\rangle + b|1\rangle$と表します。ここで$|\psi\rangle$は量子ビットの状態を表し、$a$と$b$は$|a|^2 + |b|^2 = 1$となる複素数です。$|\psi\rangle$を$(|0\rangle, |1\rangle)$に従って観測すると確率$|a|^2$で$|0\rangle$に、確率$|b|^2$で$|1\rangle$になります。

　aとbが複素数だと分かりにくいので実数に制限し、$|0\rangle$を$(1, 0)$、$|1\rangle$を$(0, 1)$という2次元の単位ベクトルとすると$|\psi\rangle$は半径1の円周のどこかを指します。

■ 量子ビットと観測

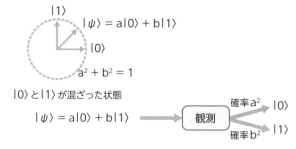

● 量子ゲート

従来のコンピュータでビットに対する否定や排他的論理和などの変換処理する部分をゲートといいます。量子コンピュータでは量子ビットに対して変換処理をする部分を**量子ゲート**といいます。

1ビット入力1ビット出力のゲートは恒等変換かビット反転でした。量子ゲートにもビット反転に相当する量子ゲート（Xという）があります。これは|0⟩を|1⟩に、|1⟩を|0⟩に変換します。

|ψ⟩ = a|0⟩ + b|1⟩ → |ψ'⟩ = a|1⟩ + b|0⟩

|1⟩の符号だけを変換する量子ゲートZもあります。

|ψ⟩ = a|0⟩ + b|1⟩ → |ψ'⟩ = a|0⟩ − b|1⟩

■ 量子ゲートの例

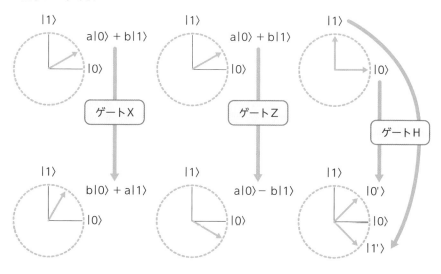

変わったところでは回転する量子ゲートもあります。**アダマール（Hadamard）ゲート**といいます。|0⟩を斜め上45度の向きの|0'⟩=1/√2 |0⟩+1/√2 |1⟩に、|1⟩を斜め下45度の向きの|1'⟩=1/√2 |0⟩−1/√2 |1⟩に変換します。

前節の量子ゲートは1量子ビット入力、1量子ビット出力でした。この節では2入力、2出力を考えます。量子ゲートは逆変換ができるという制約（正確にはユニタリ変換という）があります。そのため入力の量子ビットと出力の量子ビットの数は同じでなければなりません。

まず2個の量子ビットを $x = a|0\rangle + b|1\rangle$ と $y = c|0\rangle + d|1\rangle$ とします。

xが状態 $|s\rangle$ でyが状態 $|t\rangle$ のときを形式的な積の記号 $\otimes$ を使って $|s\rangle \otimes |t\rangle = |st\rangle$ と書くことにします（sとtはそれぞれ0か1）。そしてペアの状態をあたかも普通の式であるかのように展開します。

$$x \otimes y = (a|0\rangle + b|1\rangle) \otimes (c|0\rangle + d|1\rangle) = ac|00\rangle + ad|01\rangle + bc|10\rangle + bd|11\rangle$$

$x = 0$ となる確率が $|a|^2$ で $y = 0$ となる確率が $|c|^2$ なので $x = y = 0$、つまり $|00\rangle$ になる確率は $|ac|^2$ です。同様にxとyが $|01\rangle, |10\rangle, |11\rangle$ になる確率はそれぞれ $|ad|^2, |bc|^2, |bd|^2$ です。

さて、**CNOTゲート**とは状態 $|00\rangle, |01\rangle, |10\rangle, |11\rangle$ に対して $|10\rangle$ と $|11\rangle$ だけを交換します。CNOTのCは制御（Controlled）を意味します。

■ CNOTゲートの変換

入力： $ac|00\rangle + ad|01\rangle + bc|10\rangle + bd|11\rangle$

出力： $ac|00\rangle + ad|01\rangle + bd|10\rangle + bc|11\rangle$

この変換ルールは状態 $|st\rangle$ についてs = 0ならtはそのまま、s = 1ならtはビット反転(0→1と1→0)しています。つまり $(s, t) \to (s, s \oplus t)$ と表現できます。そこでCNOTゲートを入力(x, y)を $(x, x \oplus y)$ に変換すると書き、図のような表記をします。

■ CNOTゲート

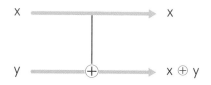

CNOTゲートは従来の排他的論理和に相当します。

たとえば入力を$x = 1/\sqrt{2}\, |0\rangle + 1/\sqrt{2}\, |1\rangle$, $y = |0\rangle$としましょう。

$$x \otimes y = (1/\sqrt{2}\, |0\rangle + 1/\sqrt{2}\, |1\rangle) \otimes |0\rangle = 1/\sqrt{2}\, |00\rangle + 1/\sqrt{2}\, |10\rangle$$

よって、観測するとxが$|0\rangle$か$|1\rangle$になる確率は$1/2$で、xがどちらであってもyは常に$|0\rangle$です。この(x, y)をCNOTゲートに通すと$|10\rangle$が$|11\rangle$になるので

$$\mathrm{CNOT}(x \otimes y) = 1/\sqrt{2}\, |00\rangle + 1/\sqrt{2}\, |11\rangle$$

となります。この状態を観測すると$(x, y) = (0, 0)$と$(1, 1)$のいずれかにしか起こらず、その確率は$1/2$です。xが0ならyも0、xが1ならyも1とxを観測すればyの値は確定します。

確率の言葉を使うと、入力値のxとyの観測結果は独立でしたが、CNOTを通すと独立でなくなりました（xの観測結果がyの観測結果に影響を与える）。このような量子状態を**量子もつれ**（**量子エンタングルメント**：entanglement）といい、量子力学特有の現象で非常に重要です。

従来のコンピュータではandとxorのみで任意の回路を構成できたように、量子コンピュータでは前節の1量子ビットの量子ゲートとこのCNOTゲートを組み合わせると任意の量子ゲートを構成できることが知られています。

◉ 量子コンピュータにおける計算

nビットのデータは2^n通りのどれか一つを表しますが、n量子ビットは2^n通りのパターンが重なり合った状態を表します。量子ゲートを組み合わせると、

重なり合った状態のn量子ビットのまま、それぞれの計算結果が重なり合ったn量子ビットの結果を得られます。

　現在世界最速の分散コンピュータの性能は1秒間に小数の計算を200京回以上できるものでした。もし1秒間に61量子ビット処理できる量子コンピュータがあれば、原理的には2^{61} = 200京通りのパターンの計算を一度にできることになります。

　ただし、最終的な計算結果を得るにはその状態を観測しなければなりません。そのとき2^n通りのパターンから確率的にどれか一つの結果に確定します。

　たとえば4量子ビットのビット反転をすると0から15の値のビット反転をまとめて計算できます。しかし、結果の重なり合いがどれも等しければ、観測でどの答えが選ばれたか分かりません。これでは意味のある結果を得られません。

■ 意味の無い計算

4量子ビット

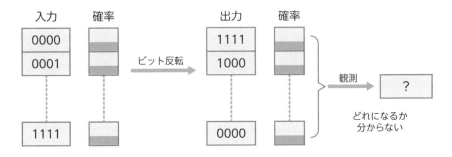

　観測して望みの結果を得るためには、その確率が高くなる重ね合わせを生成する必要があり、そのようなアルゴリズムを考えることが非常に重要です。

　たとえば$N=2^n$個のデータの中から望みのデータを見つける問題を考えます。データベース検索の基本的な操作です。f(x)をx=1, 2, ..., Nの値に対して正解x=aのときだけ1を返し、それ以外は0を返す関数とします。従来のコンピュータではx=1, 2, …と順にf(x)を計算して1になる値aを探します。見つかるための平均的な計算回数はおよそN/2です。

　それに対して量子コンピュータではn量子ビットを使い、1からNまでの状態をどれも同じ確率で重ね合わせておきます。f(x)に対応する関数を量子ゲー

トで構成できると仮定します。量子もつれを利用して、f(x)の処理とその結果を関連づけておきます。**グローバー**（Grover）のアルゴリズムを使って1回処理すると、重ね合わせにおけるx=aの状態の確率が少し増えて、他の状態の確率が少し減ります。この操作を繰り返し適用すると$\sqrt{N}$回でx=aの状態の確率がほぼ1に近づき、その他の状態の確率が0に近づきます。この状態で観測すると、ほぼ確率1でx=aの状態を観測して答えが見つかります[165]。

■ グローバーのアルゴリズム

n量子ビット（$N = 2^n$）

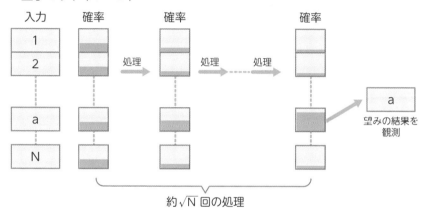

このアルゴリズムを使うと従来のコンピュータよりもずっと高速に見つけられますが、$N=2^n$回の処理が1回になっていないことに注意してください。様々な計算の中で、量子コンピュータを用いて効率よくできる方法が見つかっているのはごく一部であり、よいアルゴリズムが無いと量子コンピュータを使っても高速に計算できるわけではありません。

◉ 量子超越性

2019年、Googleは**量子超越性**を確認したという発表をしました[166]。量子超越性とは、従来のコンピュータでは理論的にとても時間がかかるとされている計算を量子コンピュータを用いて確かに計算したと示すことです。量子コンピュータが従来のコンピュータに超越したという意味です。

ただ、ここで注意すべき点はどんな計算も量子コンピュータが速くできると主張したのではありません。今回Googleが示した「計算」はランダムな量子回路と呼ばれるものからいくつかランダムな値を取り出すという作業です。出力は乱数なので計算自体に意味があるわけではなく、そういうタスクなら53量子ビットのコンピュータでも量子超越性を示せたというのが重要です。どんな乱数でもよければ従来のコンピュータの方が高速に大量に生成できます。

● 暗号技術に対する影響

RSA暗号や楕円曲線暗号などの安全性の根拠は、素因数分解を解く問題や（楕円）離散対数問題が難しいという仮定によります。そして実際の安全評価は現在知られている最速の解読アルゴリズムに基づいています。素因数分解アルゴリズムは入力の合成数nに対して準指数時間かかるのでした。しかし、1994年**ショア**（Shor）は、量子コンピュータを用いると対数時間$O((\log n)^3)$で解けると発表しました[167][168]。

■ 解読時間の評価

入力ビット	1024	2048	3072	4096
従来のコンピュータ	2^{86}	2^{116}	2^{138}	2^{156}
量子コンピュータ	2^{30}	2^{33}	2^{34}	2^{36}

解読時間の表を見ると、従来のコンピュータでは入力ビットを2倍、3倍すると解読時間がそれなりに大きくなっているのに、量子コンピュータではたいして大きくならないことが分かります。したがって、量子コンピュータが登場すると、重要な公開鍵暗号が破られることになります。

ただ**ショアのアルゴリズム**を用いて2048ビットのRSA暗号を破るには理論的に少なくとも4096量子ビット必要です。また、暗号を破るには多数の量子ゲートを長時間正しく動作させなければなりません。現在利用されている量子ゲートは不安定で計算を誤る確率が高く、エラー訂正を加味して安定的に計算させるには数千万量子ビットが必要と見積もられています[169]。なお、この予測は人によって大きく異なることがあり、また研究や開発の進展によっても

大きく変わる可能性があることをご了承ください。

2020年の時点でハネウェル（Honeywell）が業界最高性能の128量子ビットの量子コンピュータを開発していますが、暗号で使われる数の素因数分解には全く足りません。今のところ実際に素因数分解できたのは 15 = 3 × 5 や 21 = 3 × 7 だけです。少なくとも数十年は、現在使われている RSA 暗号を破れるような大きな量子ビットを扱えるコンピュータは登場しないだろうと考えられています [170]。

ブロック暗号などの共通鍵暗号やハッシュ関数に対しては、公開鍵暗号のような解読時間が劇的に減る攻撃方法は見つかっていません。ただ前節の**グローバーのアルゴリズム**は原理的に総当たり回数を平方根の回数に減らせるので共通鍵暗号は256ビットの鍵を使うとよいでしょう。今のところ量子コンピュータが登場しても重大な脅威にはならないと考えられています [17]。

◉ 量子ゲート方式と量子アニーリング方式

前項で紹介した量子コンピュータは量子ゲートを扱う汎用的な計算機でした。それとは異なり、組合せ（組み合わせとも）最適化問題に特化した**量子アニーリング**方式と呼ばれるコンピュータがあります。

組合せ最適化問題とは、ある多次元上の関数f(x)の値を最小にするベクトルx_0を見つける問題をいいます。移動経路のコストや投資リスクを最小にしたいなど、様々なパターンから一番効率のよい方法を探したい場面はよくあります。そのような問題を組合せ最適化問題に置き換えます。

■ 組合せ最適化問題

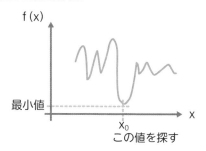

1998年に西森氏たちが量子揺らぎと呼ばれる量子力学の現象を利用して組合せ最適化問題を解く方法を提案します。その方法を量子アニーリング（やきなまし）といいます。量子アニーリング方式の量子コンピュータは、製薬や機械学習・金融サービスなどで用いられる組合せ最適化問題の近似解を求めるのに適していると言われています。ただし暗号解読と同様、現時点では実用的なパラメータに関しては通常のコンピュータの方が高速に解けます。実用化は当分先でしょう。

　2011年、D-Waveが世界初の商用の量子アニーリング方式量子コンピュータを発表し、2020年には5000量子ビットを超える量子コンピュータを開発しました。

　量子アニーリング方式は、量子ゲート方式に比べて扱える量子ビット数の進展が速いのですが、ショアのアルゴリズムを使って暗号を破ることはできません。量子アニーリング方式を用いた素因数分解のアルゴリズムも提案されていますが、その方式はショアの方式ほど脅威にはなりません。したがって、今のところ量子アニーリング方式の量子ビットの増大は暗号解読にそれほどインパクトを与えません。

　もちろん、将来的に量子アニーリング方式を用いた効率的な暗号解読アルゴリズムが提案される可能性はあります。この懸念点は、量子コンピュータに限らず今まで紹介した暗号に関して一般的にありえるリスクです。

● 量子鍵配送

　1984年に、**ベネット**（Bennett）と**ブラサール**（Brassard）は量子力学の性質を利用して秘密鍵を送る原理**BB84**を提案しました[171]。秘密鍵の情報1ビットを量子の一種である光子1個に対応させて伝送します。攻撃者によって途中の光子が盗聴（観測）されると、その状態が変化するため傍受を検知できます。そのときは通信を中断し、再度やり直します。鍵配送を量子の性質を利用して行うので**量子鍵配送 QKD**（Quantum Key Distribution）といいます。この秘密鍵を用いればワンタイムパッド暗号ができます。**量子暗号通信**ということもあります。

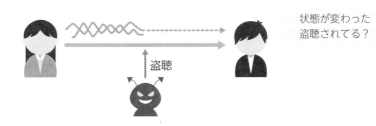

状態が変わった
盗聴されてる？

盗聴

　QKDはワンタイムパッド暗号の秘密鍵をどうやって安全に送るかという問題を解決します。ただし、QKDはあくまでも秘密鍵を安全に送信するだけで、公開鍵暗号などの機能は持たないことに注意してください。秘密鍵の送信だけをQKDで行い、本文は従来の共通鍵暗号を使って通信するなら安全性はその共通鍵暗号に依存します。現時点でディスクの暗号化などにも利用できないため、通信後のデータ保存も従来の暗号技術を使用します。

　QKDの実用化には、通信に使える光子の安定供給、通信時におけるノイズや、光ファイバーなどを用いた伝送経路における信号の減衰などへの対策が必要です。2020年1月、東芝と東北大学東北メディカル・メガバンク機構が、7km離れた地点間で10Mbpsの速度でデータを転送する実証実験を行いました[172]。転送速度や距離の向上が今後の課題です。中国では2016年頃から北京と上海間2000kmで中継装置を経由したQKDネットワークを構築しています。2021年には衛星と地上間の複数の拠点をつないで4600kmのネットワークを作り47.8kbpsの速度を達成しました[173]。

◉ 耐量子計算機暗号

　量子コンピュータが開発されると現在主流の公開鍵暗号技術が危殆化するため、量子コンピュータを用いても解読が困難な暗号の研究開発が進められています。それらの暗号を耐量子計算機暗号といいます。耐量子暗号やポスト量子暗号ともいいます。**耐量子計算機暗号**は、量子力学の現象を用いた暗号ではなく、量子コンピュータに対して耐性のある、既存のコンピュータで動く暗号です。量子暗号通信と混乱しやすい用語なので注意してください。

用語	用途	従来のコンピュータで
汎用量子コンピュータ （量子ゲート方式）	公開鍵暗号解読、高性能計算	動作しない
量子コンピュータ （量子アニーリング方式）	組合せ最適化、高性能計算	動作しない
量子鍵配送 （量子暗号通信）	ワンタイムパッド	動作しない
耐量子計算機暗号 （ポスト量子暗号）	量子コンピュータが登場しても 安全な暗号	動作する

　2016年からNISTが耐量子計算機暗号の標準化に向けて公募を行っています。準同型暗号で少し紹介した格子暗号はその候補の一つです。他に、大きな連立方程式を用いる多変数多項式暗号、一つの楕円曲線ではなく多くの楕円曲線同士のつながりを利用した同種写像暗号などが検討されています[174][175]。暗号技術の危殆化で紹介したように、暗号技術の切り替えには10年単位の時間がかかります。量子コンピュータの性能向上や、攻撃方法の進展が想定以上にめざましかった場合に慌てないように研究が進められています。

まとめ

▣ 量子ゲート方式の量子コンピュータが実用化するとRSA暗号や楕円曲線暗号が安全でなくなる。

▣ 量子鍵配送（量子暗号）は、秘密鍵を安全に共有する仕組みである。

▣ 耐量子計算機暗号は、量子コンピュータが登場しても安全な従来のコンピュータのための暗号である。

おわりに

　Windows 95登場以前のインターネットは牧歌的な時代でした。telnetと呼ばれるコンピュータを遠隔操作するプロトコルは暗号化も無く、パスワードは平文で流れていました。その頃からすると現在のインターネットはとても安全な仕組みになっています。

　この本では日常的にブラウザを利用する場面を中心として、様々な暗号技術を紹介しました。データを秘匿化する暗号化だけでなく、本人であることや改竄されていないことを保証する認証や署名も暗号化と同様に重要です。残念ながらそれらの暗号技術を正しく理解しようとすると、どうしても高度な理論や数学的知識が必要となってきます。できるだけ正確で丁寧な記述を心がけたつもりですが、少しでもその理解に役立てば何よりです。

　より深く学びたい方のためにいくつか書籍を紹介しましょう。(1) はQUICやHTTP/3のよい解説です。(2) は共通鍵暗号や公開鍵暗号の安全性について丁寧な解説があります。より専門的には (3) もお薦めです。楕円曲線暗号や準同型暗号については拙著 (4)、ビットコインや格子暗号・ゼロ知識証明については (5) が詳しいです。耐量子計算機暗号の本格的な教科書として (6) があります。難しいところも多いですが、普段使っているインターネットの裏側にはどんな数学があるのか、現在どのような暗号が研究されているのか覗いてみるのもよいでしょう。

(1) 後藤ゆき「HTTP/3入門」WEB+DB PRESS vol.123（技術評論社 2021年）
(2) IPUSIRON『暗号技術のすべて』（翔泳社 2017年）
(3) 森山大輔・西巻陵・岡本龍明『公開鍵暗号の数理』（共立出版 2011年）
(4) 光成滋生『クラウドを支えるこれからの暗号技術』（秀和システム 2015年）
　　PDF入手先 https://herumi.github.io/ango/
(5) 岡本龍明『現代暗号の誕生と発展』（近代科学社 2019年）
(6) 縫田光司『耐量子計算機暗号』（森山出版 2020年）

2021年7月　光成　滋生

参 考 文 献

1章　暗号の基礎知識

01 情報セキュリティ

[1] JISQ27000 情報技術－セキュリティ技術－情報セキュリティマネジメントシステム－用語
https://www.jisc.go.jp/

[2] JIS法改正 https://www.meti.go.jp/policy/economy/hyojun-kijun/jisho/jis.html

02 暗号

[3] The Heartbleed Bug https://heartbleed.com/

[4] CCS Injection Vulnerability http://ccsinjection.lepidum.co.jp/ja.html

[5] LibreSSL https://www.libressl.org/

[6] BoringSSL https://boringssl.googlesource.com/boringssl/

[7] CVE-2014-1266 Detail https://nvd.nist.gov/vuln/detail/CVE-2014-1266

[8] CRYPTREC https://www.cryptrec.go.jp

[9] NIST ITL https://www.nist.gov/itl

[10] IETF https://www.ietf.org

[11] RFC https://www.rfc-editor.org

03 認証

[12] 2019-130: Password spray attacks – detection and mitigation strategies
https://www.cyber.gov.au/acsc/view-all-content/advisories/2019-130-password-spray-attacks-
detection-and-mitigation-strategies

[13] The OAuth 2.0 Authorization Framework https://tools.ietf.org/html/rfc6749

[14] OAuth 2.0 for Native Apps https://tools.ietf.org/html/rfc8252

2章　アルゴリズムと安全性

06 安全性

[15] RIKEN at SC20 https://www.r-ccs.riken.jp/exhibit_contents/SC20/

[16] @foldingathome https://twitter.com/foldingathome/status/1249778379634675712

07 暗号技術の危殆化

[17] 暗号技術検討会2020年度報告書
https://www.cryptrec.go.jp/adv_board.html#CRYPTREC-RP-1000-2020

[18] 電子政府における調達のために参照すべき暗号のリスト
https://www.cryptrec.go.jp/list/cryptrec-ls-0001-2012r6.pdf

[19] IPAの暗号技術に関する取組み https://www.ipa.go.jp/security/ipg/crypt.html

[20] ヒトゲノム・遺伝子解析研究に関する倫理指針
https://www.lifescience.mext.go.jp/files/pdf/n2021_08.pdf

3章　共通鍵暗号

10 乱数

[21] AMD Ryzen 3000 series fails to boot

https://bugs.launchpad.net/ubuntu/+source/systemd/+bug/1835809

[22] CVE-2020-0543 https://cve.mitre.org/cgi-bin/cvename.cgi?name=CVE-2020-0543

[23] A Statistical Test Suite for Random and Pseudorandom Number Generators for Cryptographic Applications https://csrc.nist.gov/publications/detail/sp/800-22/rev-1a/final

12 ストリーム暗号

[24] Prohibiting RC4 Cipher Suites https://tools.ietf.org/html/rfc7465

[25] ChaCha20 and Poly1305 for IETF Protocols https://tools.ietf.org/html/rfc8439

13 ブロック暗号

[26] Linear Cryptanalysis Method for DES Cipher https://link.springer.com/chapter/10.1007/3-540-48285-7_33

[27] The ESP Triple DES Transform https://tools.ietf.org/html/rfc1851

[28] ANSI X9.52 : 1998 https://infostore.saiglobal.com/en-au/Standards/Product-Details-2078_SAIG_ABA_ABA_5326/

[29] Announcing the ADVANCED ENCRYPTION STANDARD (AES) https://csrc.nist.gov/csrc/media/publications/fips/197/final/documents/fips-197.pdf

[30] Intel Advanced Encryption Standard Instructions https://software.intel.com/content/www/us/en/develop/articles/intel-advanced-encryption-standard-instructions-aes-ni.html

14 確率的アルゴリズム

[31] Zoomのセキュリティ脆弱性とZoom社の対応について https://zoom-japan.net/blog-2/20200428/

15 暗号化モード

[32] This POODLE bites: exploiting the SSL 3.0 fallback https://security.googleblog.com/2014/10/this-poodle-bites-exploiting-ssl-30.html

[33] Deprecating Secure Sockets Layer Version 3.0 https://tools.ietf.org/html/rfc7568

16 ディスクの暗号化

[34] TPM 2.0 Library https://trustedcomputinggroup.org/resource/tpm-library-specification/

[35] Recommendation for Block Cipher Modes of Operation:The XTS-AES Mode for Confidentiality on Storage Devices https://csrc.nist.gov/publications/detail/sp/800-38e/final

[36] 暗号利用モードXTSの安全性に関する調査及び評価 https://www.cryptrec.go.jp/exreport/cryptrec-ex-2801-2018.pdf

[37] XTSモードの実装性能調査 https://www.cryptrec.go.jp/exreport/cryptrec-ex-2902-2019.pdf

[38] Self-Encrypting SSDs Vulnerable to Attack, Microsoft Warns https://petri.com/self-encrypting-ssds-vulnerable-to-attack-microsoft-warns

4章　公開鍵暗号

18 鍵共有

[39] New Directions in Cryptography https://ee.stanford.edu/~hellman/publications/24.pdf

[40] Malcolm Williamson - One of the originators of Public Key Cryptography at GCHQ in the 1970s https://www.gchq.gov.uk/person/malcolm-williamson

20 公開鍵暗号

[41] 電子情報通信学会「知識ベース」2019 8章ハイブリッド暗号

https://ieice-hbkb.org/files/01/01gun_03hen_08.pdf

21 RSA暗号

[42] PKCS #1: RSA Cryptography Specifications Version 2.2 https://tools.ietf.org/html/rfc8017

[43] 暗号ハードウェアに対する効率的なパディングオラクル攻撃
https://researchmap.jp/multidatabases/multidatabase_contents/detail/233979/1f349cee2a680df1ed6c
dbb6847eabcd?frame_id=805399

[44] Optimal Asymmetric Encryption - How to Encrypt with RSA
http://seclab.cs.ucdavis.edu/papers/Rogaway/oae.pdf

[45] 岡本龍明『公開鍵暗号の数理』共立出版 2011年

22 OpenSSLによるRSA暗号の鍵の作り方

[46] OpenSSL https://www.openssl.org/

[47] OpenSSLWiki https://wiki.openssl.org/index.php/Binaries

[48] Python https://www.python.org/

[49] Welcome to Python https://www.python.org/shell/

[50] paiza.io Python Online https://paiza.io/ja/languages/python3

23 楕円曲線暗号

[51] ディジタル署名EdDSAで使われている曲線の安全性に関する調査及び評価
https://www.cryptrec.go.jp/exreport/cryptrec-ex-3001-2020.pdf

[52] 楕円曲線暗号とRSA暗号の安全性比較
http://jp.fujitsu.com/group/labs/downloads/techinfo/technote/crypto/eccvsrsa-20100820.pdf

5章　認証

25 ハッシュ関数

[53] Collisions for Hash Functions MD4, MD5, HAVAL-128 and RIPEMD
https://eprint.iacr.org/2004/199

[54] Apple AirDrop shares more than files
https://www.informatik.tu-darmstadt.de/fb20/ueber_uns_details_231616.en.jsp

[55] Password Hashing Competition https://www.password-hashing.net/

[56] 「Pマーク取得に必要だから」は都市伝説？"PPAP"をめぐる謎を、名付け親に聞いた
https://www.itmedia.co.jp/business/articles/2012/15/news007.html

[57] 霞が関でパスワード付きzipファイルを廃止へ 平井デジタル相
https://www.itmedia.co.jp/news/articles/2011/17/news150.html

26 SHA-2とSHA-3

[58] FIPS 180-4 https://csrc.nist.gov/publications/detail/fips/180/4/final

[59] SHA-3 Standardization
https://csrc.nist.gov/projects/hash-functions/sha-3-project/sha-3-standardization

[60] FIPS 202 https://csrc.nist.gov/publications/detail/fips/202/final

[61] Higher-Order Differential Attack on Reduced SHA-256 http://eprint.iacr.org/2011/037

27 SHA-1の衝突

[62] SHAttered https://shattered.io/

[63] SHA-1 is a Shambles https://sha-mbles.github.io/

28 メッセージ認証符号

[64] HMAC: Keyed-Hashing for Message Authentication https://tools.ietf.org/html/rfc2104

[65] 『クラウドを支えるこれからの暗号技術』https://herumi.github.io/ango/ 秀和システム 2015年

29 署名

[66] Digital Signature Standard (DSS)
https://nvlpubs.nist.gov/nistpubs/FIPS/NIST.FIPS.186-4.pdf

[67] The Secure Shell (SSH) Transport Layer Protocol https://tools.ietf.org/html/rfc4253

[68] The Secure Shell (SSH) Authentication Protocol https://tools.ietf.org/html/rfc4252

[69] FIDO Alliance https://fidoalliance.org/

[70] FIDO2: Web Authentication (WebAuthn)
https://fidoalliance.org/fido2/fido2-web-authentication-webauthn/

[71] FIDO（ファイド）認証とその技術
https://www.jstage.jst.go.jp/article/essfr/12/2/12_115/_article/-char/ja

30 サイドチャネル攻撃

[72] Security Requirements for Cryptographic Modules
https://nvlpubs.nist.gov/nistpubs/FIPS/NIST.FIPS.140-3.pdf

[73] III.3.3.4 楕円曲線暗号に対する電力解析
https://www.ipa.go.jp/security/enc/smartcard/node55.html

[74] A Side Journey to Titan https://ninjalab.io/a-side-journey-to-titan/

[75] The Chilling Reality of Cold Boot Attacks https://blog.f-secure.com/cold-boot-attacks/

31 タイムスタンプ

[76] How to time-stamp a digital document
https://link.springer.com/article/10.1007/BF00196791

[77] ISO/IEC 18014-3:2009 Information technology — Security techniques — Time-stamping services
— Part 3: Mechanisms producing linked tokens
https://www.iso.org/standard/50457.html

[78] Internet X.509 Public Key Infrastructure Time-Stamp Protocol (TSP)
https://tools.ietf.org/html/rfc3161

[79] ISO/IEC 18014-2:2009 Information technology — Security techniques — Time-stamping services
— Part 2: Mechanisms producing independent tokens
https://www.iso.org/standard/50482.html

[80] 日本標準時 https://www.nict.go.jp/JST/JST5.html

[81] 我が国のトラストサービスの在り方
https://www.soumu.go.jp/main_content/000597574.pdf

[82] タイムスタンプ認定制度に関する検討会取りまとめ（案）及び 時刻認証業務の認定に関する規程
（案）に対する意見募集の結果
https://www.soumu.go.jp/menu_news/s-news/01cyber01_02000001_00102.html

32 ブロックチェーンとビットコイン

[83] Welcome to the Bitcoin Wiki https://en.bitcoin.it/wiki/Main_Page

[84] Total Hash Rate (TH/s) https://www.blockchain.com/charts/hash-rate

6章 公開鍵基盤

33 公開鍵基盤

[85] OpenPGP Message Format https://tools.ietf.org/html/rfc4880

[86] Internet X.509 Public Key Infrastructure Certificate and Certificate Revocation List (CRL) Profile
https://tools.ietf.org/html/rfc5280

34 公開鍵証明書の失効

[87] X.509 Internet Public Key Infrastructure Online Certificate Status Protocol - OCSP
https://tools.ietf.org/html/rfc6960

[88] The Transport Layer Security (TLS) Multiple Certificate Status Request Extension
https://tools.ietf.org/html/rfc6961

[89] CRLSets https://dev.chromium.org/Home/chromium-security/crlsets

[90] CA/Revocation Checking in Firefox
https://wiki.mozilla.org/CA/Revocation_Checking_in_Firefox

[91] The End-to-End Design of CRLite
https://blog.mozilla.org/security/2020/01/09/crlite-part-2-end-to-end-design/

35 公開鍵証明書と電子証明書の発行方法

[92] Automatic Certificate Management Environment (ACME) https://tools.ietf.org/html/rfc8555

[93] JVNVU\#92002857 複数の認証局においてメールアドレスのみに基づいて証明書を発行している
問題 https://jvn.jp/vu/JVNVU92002857/

[94] Multi-Perspective Validation Improves Domain Validation Security
https://letsencrypt.org/2020/02/19/multi-perspective-validation.html

[95] 「Chrome」と「Firefox」のアドレスバーでEV証明書の情報表示を変更へ
https://japan.zdnet.com/article/35141280/

[96] 電子署名及び認証業務に関する法律 第十三条 https://elaws.e-gov.go.jp/search/elawsSearch/
elaws_search/lsg0500/detail?lawId=412AC0000000102#58

[97] 認証局のご案内
https://shinsei.e-gov.go.jp/contents/preparation/certificate/certification-authority.html

36 証明書の透明性

[98] Certificate Transparency https://certificate.transparency.dev/

[99] Certificate TransparencyによるSSLサーバー証明書公開監査情報とその課題の議論
https://www.slideshare.net/kenjiurushima/certificate-transparencyssl

[100] Certificate Transparency Version 2.0 https://datatracker.ietf.org/doc/draft-ietf-trans-rfc6962-bis/

[101] CA/CT Redaction https://wiki.mozilla.org/CA/CT_Redaction

7章 TLS

37 TLS

[102] 主要ブラウザーのTLS 1.0/1.1無効化について（続報）
https://www.cybertrust.co.jp/blog/ssl/regulations/tls-july-update.html

[103] Deprecating TLS 1.0 and TLS 1.1 https://tools.ietf.org/html/rfc8996

[104] The Transport Layer Security (TLS) Protocol Version 1.3 https://tools.ietf.org/html/rfc8446

[105] Curve25519: new Diffie-Hellman speed records
https://cr.yp.to/ecdh/curve25519-20060209.pdf

[106] ディジタル署名EdDSAの構成の安全性に関する調査および評価
https://www.cryptrec.go.jp/exreport/cryptrec-ex-3002-2020.pdf

[107] 擬似乱数生成アルゴリズム Dual_EC_DRBG について
https://www.cryptrec.go.jp/topics/cryptrec-er-0001-2013.html

[108] SafeCurves:choosing safe curves for elliptic-curve cryptography
https://safecurves.cr.yp.to/rigid.html

[109] draft-ietf-tls-rfc8446bis-01 https://www.ietf.org/archive/id/draft-ietf-tls-rfc8446bis-01.html

[110] ProVerif: Cryptographic protocol verifier in the formal model
https://prosecco.gforge.inria.fr/personal/bblanche/proverif/

[111] EasyCrypt: Computer-Aided Cryptographic Proofs https://www.easycrypt.info/trac/

38 認証付き暗号

[112] SP 800-38D Recommendation for Block Cipher Modes of Operation: Galois/Counter Mode (GCM)
and GMAC https://csrc.nist.gov/publications/detail/sp/800-38d/final

[113] SP 800-38C Recommendation for Block Cipher Modes of Operation: the CCM Mode for
Authentication and Confidentiality https://csrc.nist.gov/publications/detail/sp/800-38c/final

39 前方秘匿性

[114] U.S., British intelligence mining data from nine U.S. Internet companies in broad secret program
https://www.washingtonpost.com/investigations/us-intelligence-mining-data-from-nine-us-internet-
companies-in-broad-secret-program/2013/06/06/3a0c0da8-cebf-11e2-8845-d970ccb04497_story.
html

[115] NSA Prism program taps in to user data of Apple, Google and others
https://www.theguardian.com/world/2013/jun/06/us-tech-giants-nsa-data

[116] セキュリティは楽しいかね？ Lavabit 事件とその余波、そして Forward Secrecy
https://negi.hatenablog.com/entry/2013/11/05/093606

[117] Redacted Pleadings Exhibits 1 23
https://www.documentcloud.org/documents/801182-redacted-pleadings-exhibits-1-23.html

[118] Q&A with Ladar Levison https://www.youtube.com/watch?v=uo9-0So2A_g

[119] An Identity-Based Key-Exchange Protocol
https://link.springer.com/chapter/10.1007/3-540-46885-4_5

8章　ネットワークセキュリティ

40 DNS

[120] RFC3546 https://tools.ietf.org/html/rfc3546

[121] Encrypting SNI: Fixing One of the Core Internet Bugs https://blog.cloudflare.com/esni/

[122] TLS Encrypted Client Hello https://datatracker.ietf.org/doc/draft-ietf-tls-esni/

[123] Service binding and parameter specification via the DNS (DNS SVCB and HTTPS RRs)
https://datatracker.ietf.org/doc/html/draft-ietf-dnsop-svcb-https-06

[124] Good-bye ESNI, hello ECH! https://blog.cloudflare.com/encrypted-client-hello/

[125] China is now blocking all encrypted HTTPS traffic that uses TLS 1.3 and ESNI
https://www.zdnet.com/article/china-is-now-blocking-all-encrypted-https-traffic-using-tls-1-3-and-esni/

[126] Russia wants to ban the use of secure protocols such as TLS 1.3, DoH, DoT, ESNI
https://www.zdnet.com/article/russia-wants-to-ban-the-use-of-secure-protocols-such-as-tls-1-3-doh-
dot-esni/

[127] Hybrid Public Key Encryption https://www.ietf.org/archive/id/draft-irtf-cfrg-hpke-09.html

41 メール

[128] Simple Mail Transfer Protocol https://tools.ietf.org/html/rfc5321

[129] Post Office Protocol - Version 3 https://tools.ietf.org/html/rfc1939

[130] JVN#19445002 APOPにおけるパスワード漏えいの脆弱性
http://jvn.jp/jp/JVN19445002/index.html

[131] INTERNET MESSAGE ACCESS PROTOCOL - VERSION 4rev1
https://tools.ietf.org/html/rfc3501

[132] Secure/Multipurpose Internet Mail Extensions (S/MIME) Version 4.0 Message Specification
https://tools.ietf.org/html/rfc8551

[133] LINE 暗号化状況レポート https://linecorp.com/ja/security/encryption/2020h1

[134] Functional Definition of End-to-End Secure Messaging
https://datatracker.ietf.org/doc/draft-muffett-end-to-end-secure-messaging/

42 VPN

[135] IP Security (IPsec) and Internet Key Exchange (IKE) Document Roadmap
https://tools.ietf.org/html/rfc6071

[136] Layer Two Tunneling Protocol - Version 3 (L2TPv3) https://tools.ietf.org/html/rfc3931

43 HTTP/3

[137] SPDY http://dev.chromium.org/spdy

[138] Hypertext Transfer Protocol Version 2 (HTTP/2) https://tools.ietf.org/html/rfc7540

[139] QUIC, a multiplexed stream transport over UDP http://dev.chromium.org/quic

[140] QUIC is now RFC 9000 https://www.fastly.com/blog/quic-is-now-rfc-9000

[141] Hypertext Transfer Protocol Version 3 (HTTP/3)
https://datatracker.ietf.org/doc/draft-ietf-quic-http/

[142] ChromeへのHTTP/3とIETF QUICの導入について
https://developers-jp.googleblog.com/2020/10/chrome-http3-ietf-quic.html

44 無線 LAN

[143] IEEE 802.11ax-2021 https://standards.ieee.org/standard/802_11ax-2021.html

[144] Protected Management Frames enhance Wi-Fi network security https://www.wi-fi.org/beacon/
philipp-ebbecke/protected-management-frames-enhance-wi-fi-network-security

[145] Breaking 104 bit WEP in less than 60 seconds https://eprint.iacr.org/2007/120

[146] Fast WEP-Key Recovery Attack Using Only Encrypted IP Packets
https://www.jstage.jst.go.jp/article/transfun/E93.A/1/E93.A_1_164/_article

[147] 802.11i-2004 https://ieeexplore.ieee.org/document/1318903

[148] Key Reinstallation Attacks https://www.krackattacks.com/

[149] Wi-Fi Alliance introduces Wi-Fi CERTIFIED WPA3 security https://www.wi-fi.org/news-events/
newsroom/wi-fi-alliance-introduces-wi-fi-certified-wpa3-security

[150] Dragonblood https://wpa3.mathyvanhoef.com/

[151] Wi-Fi Alliance Wi-Fi Security Roadmap and WPA3 Updates https://www.wi-fi.org/downloads-
public/202012_Wi-Fi_Security_Roadmap_and_WPA3_Updates.pdf

[152] FragAttacks https://www.fragattacks.com/

45 準同型暗号

[153] Homomorphic Encryption Standardization https://homomorphicencryption.org/

[154] 岡本龍明『現代暗号の誕生と発展』近代科学社 2019年

46 秘密計算

[155] Information technology — Security techniques — Secret sharing — Part 2: Fundamental mechanisms https://www.iso.org/standard/65425.html

[156] A practical scheme for non-interactive verifiable secret sharing https://ieeexplore.ieee.org/document/4568297

[157] BLS threshold signature https://github.com/herumi/bls

[158] 秘密計算の発展 https://www.jstage.jst.go.jp/article/essfr/12/1/12_12/_article/-char/ja

[159] 情報を秘匿したままデータ解析ができる 秘密計算技術 https://jpn.nec.com/rd/technologies/201805/

[160] 秘密計算研究会 https://secure-computation.jp/

47 ゼロ知識証明

[161] Quadratic Span Programs and Succinct NIZKs without PCPs https://eprint.iacr.org/2012/215

[162] Bulletproofs https://crypto.stanford.edu/bulletproofs/

[163] Scalable, transparent, and post-quantum secure computational integrity https://eprint.iacr.org/2018/046

[164] Awesome zero knowledge proofs (zkp) https://github.com/matter-labs/awesome-zero-knowledge-proofs

48 量子コンピュータ

[165] A fast quantum mechanical algorithm for database search https://arxiv.org/abs/quant-ph/9605043

[166] Quantum supremacy using a programmable superconducting processor https://www.nature.com/articles/s41586-019-1666-5

[167] Algorithms for quantum computation: discrete logarithms and factoring https://ieeexplore.ieee.org/document/365700

[168] Polynomial-Time Algorithms for Prime Factorization and Discrete Logarithms on a Quantum Computer https://arxiv.org/pdf/quant-ph/9508027

[169] How to factor 2048 bit RSA integers in 8 hours using 20 million noisy qubits https://arxiv.org/abs/1905.09749

[170] 量子アニーリング提唱者・西森秀稔が考えるイノベーターの条件 https://www.technologyreview.jp/s/220844/interview-to-judges-of-innovators-under-35-japan-1/

[171] Quantum cryptography: Public key distribution and coin tossing https://arxiv.org/abs/2003.06557

[172] 実環境下での鍵配信速度10Mbpsを超える高速量子暗号通信の実証に世界で初めて成功 https://www.global.toshiba/jp/news/corporate/2018/08/pr2701.html

[173] An integrated space-to-ground quantum communication network over 4,600 kilometres https://www.nature.com/articles/s41586-020-03093-8

[174] 高木剛『暗号と量子コンピュータ』オーム社 2019年

[175] 縫田光司『耐量子計算機暗号』森北出版 2020年

索引　Index

| 著者紹介 |

光成 滋生（みつなり しげお）

サイボウズ・ラボで暗号とセキュリティに関するR&Dに従事。

ペアリング暗号やBLS署名ライブラリ、JITアセンブラXbyakを開発し、Ethereumなど多数のブロックチェーンプロジェクトやIntelの深層学習ライブラリに採用されている。

またスーパーコンピュータ富岳の深層学習ライブラリの開発にも関わる。

2004年IPA未踏スーパークリエータ、2005年情報化月間推進会議議長表彰、2010年電子情報通信学会論文賞、2015年CODE BLUE登壇、Microsoft MVP（2015～2021）など。

著書に『応用数理ハンドブック』（朝倉書店：楕円曲線暗号とペアリング暗号の項目担当）、『クラウドを支えるこれからの暗号技術』（秀和システム）、『パターン認識と機械学習の学習普及版』（暗黒通信団）などがある。

- ■ 装丁 ──────── 井上新八
- ■ 本文デザイン ──── BUCH$^+$
- ■ 本文イラスト ───── リンクアップ
- ■ DTP ───────── リンクアップ
- ■ 編集 ──────── 矢野俊博

図解即戦力
暗号と認証のしくみと理論がこれ1冊でしっかりわかる教科書

2021年10月 6日　初版　第1刷発行
2024年10月 2日　初版　第4刷発行

著　者　光成　滋生
発行者　片岡　巌
発行所　株式会社技術評論社
　　　　東京都新宿区市谷左内町21-13
　　　　電話　　03-3513-6150　販売促進部
　　　　　　　　03-3513-6160　書籍編集部
印刷／製本　株式会社加藤文明社

ISBN978-4-297-12307-9 C3055　　　　　　Printed in Japan

■ お問い合わせについて

- ・ご質問は本書に記載されている内容に関するものに限定させていただきます。本書の内容と関係のないご質問には一切お答えできませんので、あらかじめご了承ください。
- ・電話でのご質問は一切受け付けておりませんので、FAXまたは書面にて下記問い合わせ先までお送りください。また、ご質問の際には書名と該当ページ、返信先を明記してくださいますようお願いいたします。
- ・お送りいただいたご質問には、できる限り迅速にお答えできるよう努力いたしておりますが、お答えするまでに時間がかかる場合がございます。また、回答の期日をご指定いただいた場合でも、ご希望にお応えできるとは限りませんので、あらかじめご了承ください。
- ・ご質問の際に記載された個人情報は、ご質問への回答以外の目的には使用しません。また、回答後は速やかに破棄いたします。

■ 問い合わせ先
〒162-0846
東京都新宿区市谷左内町21-13
株式会社技術評論社 書籍編集部
「図解即戦力　暗号と認証のしくみと理論がこれ1冊でしっかりわかる教科書」係
FAX：03-3513-6167

技術評論社ホームページ
https://book.gihyo.jp/116/